# 建筑装饰设计基础

孙以栋　主编

中央广播电视大学出版社
北　京

**图书在版编目（CIP）数据**

建筑装饰设计基础／孙以栋主编．—北京：中央广播电视大学出版社，2008.6

ISBN 978－7－304－04082－6

Ⅰ．建…　Ⅱ．孙…　Ⅲ．建筑装饰－建筑设计　Ⅳ．TU238

中国版本图书馆 CIP 数据核字（2008）第083887号



**建筑装饰设计基础**

孙以栋　主编

---

**出版·发行：** 中央广播电视大学出版社

**电话：** 发行部　010－58840200

总编室　010－68182524

**网址：** http://www.crtvup.com.cn

**地址：** 北京市海淀区西四环中路45号　**邮编：** 100039

**经销：** 新华书店北京发行所

---

**策划编辑：** 何勇军　**版式设计：** 夏　亮

**责任编辑：** 申　敏　**责任校对：** 陈玉玲

**责任印制：** 赵联生

---

**印刷：** 北京博图彩色印刷有限公司　**印数：** 0001－3000

**版本：** 2008年6月第1版　2008年6月第1次印刷

**开本：** 787×1092　1/16　**印张：** 13.25　**字数：** 294千字

---

**书号：** ISBN 978－7－304－04082－6

**定价：** 19.00元

---

（如有缺页或倒装，本社负责退换）

# 前　言

本书是中央广播电视大学室内设计技术等专业系列教材之一，是“建筑装饰设计基础”课程多种媒体教材中的主教材。

本书按照中央广播电视大学培养目标的要求，结合教育部面向21世纪工学科课程教学和教学内容改革的有关精神，配合“广播电视大学开展人才培养模式改革”的研究，根据2007年制定的“建筑装饰设计基础”教学大纲和多媒体一体化方案编写，旨在以职业为导向，以学生为中心，在教学中以“必需”、“够用”为度，以适应电大远程学习的特点，满足以业余自学为主的学生需求。

本书注重科学性、先进性和实用性的有机统一，注重课程内容的内在逻辑联系，培养学生的逻辑思维和创造性思维能力，以适应新世纪对设计人才素质的要求。

为了便于学生自学，每章的开始明确指出学习目标和学习重点，有利于学生在开始学习时对学习内容有一个概括的了解。每章的结尾均有小结和思考题，有利于学生及时总结所学的内容。

本书在编写过程中，保证理论与方法的完整性与系统性，力图做到理论与实践相结合，重在实践应用，既能满足实际工作的需要，又能适合学校教学的要求。

本书由浙江工业大学孙以栋高级工程师任主编。参加编写的有杭州广播电视大学鲍其隽讲师（第1，3，4，5，7章）、杭州广播电视大学李银秀讲师（第2章）和杭州广播电视大学刘蔚讲师（第6，8章）。参加本书审定的有浙江树人大学刘霄峰副教授、浙江大学建筑设计研究院陈胜平高级工程师、浙江省建工建筑设计院孟红高级工程师等专家，谨此表示衷心感谢。在本书编写过程中，还得到了中央广播电视大学、中国建筑装饰协会、杭州广播电视大学有关领导和专家的大力支持。

本教材适用于室内设计技术专业教学使用，也可作为有关技术人员的参考用书。

限于编者水平有限，书中不足之处在所难免，敬请读者和同行批评指正。

编　者

2008年3月

# 目　　录

# 1 建筑装饰设计概述

## 学习目标

1. 掌握建筑装饰设计的作用和任务。
2. 理解建筑装饰设计的概念。
3. 了解建筑设计与建筑装饰设计的区别。

## 学习重点

1. 建筑装饰设计的概念。
2. 建筑装饰设计的作用。
3. 建筑装饰设计的任务。

## 1.1 建筑装饰设计的概念

### 1.1.1 建筑装饰设计的基本概念

建筑装饰设计，是一门建立在现代建筑环境科学研究基础之上的边缘性学科。从广义上讲，凡是与建筑有关的装饰设计都属于建筑装饰设计的范畴。与建筑有关的装饰设计主要包括建筑外部装饰设计与建筑内部空间环境设计。从狭义上讲，由于建筑外部的装饰设计作为建筑设计必不可少的一部分，已经包含于建筑设计之中，因此，建筑装饰设计仅指建筑内部空间环境的设计。本书讲述的建筑装饰设计，即指以建筑内部空间环境为研究对象的狭义的建筑装饰设计。

人们日常生活的绝大部分时间是在建筑物内部度过的，为此而设计创造的建筑内部环境，直接关系到人们室内生活、生产活动的质量，关系到人们室内活动的安全、健康、效率、舒适等。因此，建筑装饰设计是一项与人们的生产、生活关系密切的课题（见图1－1）。

**图1－1 现代建筑装饰设计**

建筑装饰设计是一门相对独立的学科，它既有很高的艺术性要求，其涉及的内容又有很高的技术含量，并且与一些新兴学科，如人体工程学、环境心理学、环境物理学等，都有较密切的关系。许多学者从不同的视角、不同的侧重点对建筑装饰设计的含义进行分析研究，总结出不少深邃的见解值得思考和借鉴，可归纳为以下几个方面：

（1）建筑装饰设计是建筑空间的二次设计，建筑装饰设计贯穿于建筑设计的全过程，而不是与建筑主体分离的、事后的附加点缀。因为建筑装饰设计需要更多地关注人们的心理因素，创造使他们感到舒适、愉悦的氛围，因此，建筑装饰设计工作有时候比建筑设计还要复杂。为了能胜任这项工作，建筑装饰设计师必须经过专门的训练。

（2）建筑装饰设计既非纯艺术，也非纯技术，而是艺术与技术的完美结合。由于建筑装饰设计具有艺术性，因此，与绘画、雕塑等艺术形式一样，建筑装饰设计也遵循艺术范畴共同的美学法则。同时，建筑装饰设计的技术性决定了建筑装饰设计还需要综合考虑使用功能、构造施工、材料设备、规范标准等多种因素。建筑装饰设计成果，在很大程度上要依靠一定的技术手段来实现，采用的材料及加工方式直接影响到建筑室内空间环境的优劣。这是它有别于绘画、雕塑等纯艺术学科的差异所在。

（3）建筑装饰设计具有时代的印记。建筑装饰设计的总体，包括艺术风格，往往能从一个侧面反映相应时期社会物质和精神生活的特征。这是由于建筑装饰设计从设计构思、施工工艺、装饰材料到内部设施，总是与社会当时的物质生产水平、社会文化和精神生活状况联系在一起。建筑装饰设计在室内空间组织、平面布局和装饰处理等方面，也与当时的哲学思想、美学观点、科学技术和社会风俗等密切相关。

综上所述，建筑装饰设计可以理解为：建立在客观物质环境基础上，以现代建筑环境科学研究成果为指导，运用一定的物质技术与经济手段，对建筑内部空间进行创造与组织，形成安全、卫生、舒适、优美、生态的空间环境，使建筑物内部具有识别和艺术享受的功能，满足人们对物质与精神双重功能的需要。

### 1.1.2 建筑装饰设计与建筑设计

建筑装饰设计与建筑设计关系紧密。建筑设计是建筑装饰设计的基础，建筑装饰设计是建筑设计的继续、深化和发展。建筑设计和建筑装饰设计的内在联系贯穿于设计全过程，如图1－2和图1－3所示为华盛顿国家美术馆外观及其室内装饰设计。

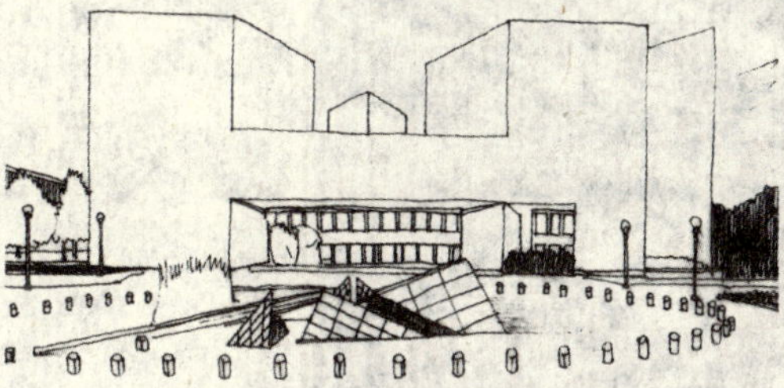

图1－2 华盛顿国家美术馆外观

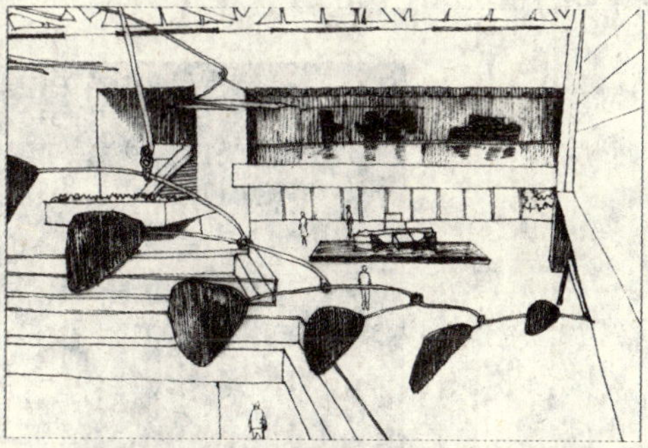

图1－3 华盛顿国家美术馆内部装饰

华盛顿国家美术馆建筑采用三角形、多灭点的斜向空间，其室内装饰设计动态、富于变化。

建筑装饰设计与建筑设计有许多共同点。公元前1世纪，古罗马建筑理论家维特鲁威在《建筑十书》中就将“实用，坚固，美观”作为建筑创作的三要素，或者说是建筑设计的三原则。“实用，坚固，美观”三原则在建筑装饰设计中同样适用。建筑装饰设计与建筑设计一样，都要考虑物质功能和精神功能的要求，都要考虑一定的形式美法则和遵循视知觉和审美的规律性，都要考虑材料的特点和使用方法，都受物质技术和经济条件的制约等。

相对于建筑设计而言，建筑装饰设计作为一门相对独立的学科，它还具有以下几个特点：

（1）对于特定的室内空间环境进行细致、深刻的设计

建筑设计的核心是空间，建筑学是研究建筑及其环境的学科，主要通过建筑平面、立面的设计和空间体量关系的处理，给人们以建筑艺术的感受，同时也要协调建筑物外形与城镇环境及建筑内部空间形态的关系。而建筑装饰设计是对于某一具体的空间环境进行设计，更

加集中、细致、深刻地体现在建筑室内的空间构成、界面线形、材料质感肌理、色彩以及室内家具、陈设、灯具、绿化布置等内含物的综合运用上。因此，建筑装饰设计与装饰艺术和工业品设计的关系也极为密切。

（2）对于建筑室内环境的物理因素考虑更为周密

建筑室内环境质量的优劣，必然直接影响到人们的安全、卫生和舒适。建筑装饰设计对于建筑室内空间的环境控制，如通风照明、色彩配置、温度、相对湿度和室内隔声、吸声和噪声等的考虑较为周密，在现代建筑装饰设计规范中，这些构成因素大多有设计标准。

（3）对于环境心理学更为关注

由于人在一天中大部分时间停留在室内，因此，室内空间的大小和形状，室内的家具、设备以至于墙面、地面等界面的图案，都会对人的视觉、触觉、听觉和心理上产生长时间、近距离的影响。与建筑设计相比，建筑装饰设计需要更为深入细致、更为缜密、更多地从有利于人们身心健康和舒适的角度以及有利于丰富人们的精神文化生活的角度考虑（见图1-4）。

**图1-4 现代建筑装饰设计**

（4）设计的更新周期更短

一般来说，建筑物一旦建成是长期存在的，而建筑物建成时设计的室内环境，也许很难跟上现代人不断变化的生活、工作状态对室内品质的要求。因此，与建筑设计相比，建筑装饰设计的更新周期更短，更新节奏更快。在建筑装饰设计领域里，更需要引入“动态设计”的理念，认真考虑因时间因素而引起的建筑平面布局、界面构造与装饰以及施工方法、选用材料等一系列相应的问题，通过内部空间的再创造，赋予建筑物以个性，使之适应时代发展的新要求。

随着人类社会的不断发展，人们逐步地对建筑装饰设计有了更深刻的理解。建筑装饰设计是一种富于创造性和解决实质问题的一项工作，它是通过科学、艺术和生活的有机结合而形成的一个完美的整体。

## 1.2 建筑装饰设计的作用

### 1.2.1 建筑设计的作用

建筑具有物质和精神双重属性。建筑设计是人们为适应多种多样的生活，通过对自然界的改造，为自己创造的一种舒适的生活空间。这种空间通过物质艺术手段来表达“精神功能”。例如哥特式教堂表现出宗教神秘色彩（见图1－5），北京故宫太和殿显示出权力的威严（见图1－6），凡尔赛宫反映出帝王的豪华富丽。建筑具有物质与精神的双重属性是由建筑空间与建筑内外观共同体现出来的。从一定意义上来讲，建筑的使用价值主要由建筑空间来体现，而它的审美价值则更多地取决于建筑的内蕴和外观。

图1－5 哥特式教堂

图1－6 北京故宫太和殿

### 1.2.2 建筑装饰设计的作用

建筑装饰设计是通过深化建筑外部和内部造型，通过对诸如空间组合、比例、色彩、材料、光影及各种装饰部件、装饰图案等建筑语言的运用，共同创造的整体效果。它使建筑在直接的环境中创造美观、舒适、实用、具有个性的艺术效果，使建筑艺术与人们的审美意识协调一致，在精神上满足人们的艺术享受，使以使用功能为主的建筑物成为一种艺术品，具有审美观赏的价值。如果说，建筑是物质文明和精神文明的结合产物的话，那么建筑装饰设计在满足使用者的物质需求的同时更多地承担了创造精神文明的使命。

建筑装饰设计的具体作用有3个方面：

（1）强化建筑空间的性质，就是对不同特性的空间设置不同效果的装饰艺术，使空间更富有特性。

（2）强化建筑时空环境的意境和氛围，使人们的精神得以调解，灵性得以发挥。

（3）弥补建筑结构空间的缺陷与不足，强化建筑的空间序列效果，提高观赏艺术和使用功能。

## 1.3 建筑装饰设计的目的和任务

### 1.3.1 建筑装饰设计的目的

建筑装饰设计明确地把创造出满足人们物质和精神生活所需要的建筑室内环境作为目标，即以人为本，一切围绕人的生活生产活动，创造美好的建筑室内环境。建筑装饰设计是一个非常复杂的系统工程，它涉及室外环境、室内环境、色彩、照明、材料以及家具设计等多方面的内容。

建筑装饰设计中，从整体上把握设计对象的主要依据有3个：

（1）使用性质：建筑物和室内空间的功能设计。

（2）所在场所：建筑物室内空间的周围环境状况。

（3）经济投入：相应工程项目的总投资和单方造价标准的控制。

### 1.3.2 建筑装饰设计的任务

建筑室内装饰设计的主要工作包括：空间形象设计，室内界面装修设计，室内物理环境设计，室内空间分隔组合，室内用品等室内陈设艺术设计及成套设施配置，对装修施工进行检查指导。

建筑装饰设计的任务主要包含以下3个方面：

（1）创造合理的空间关系

首先根据建筑的类型、性质和功能特点，进行科学组织，做到布局合理，交通便捷，空间层次清晰、明确。

（2）创造舒适的使用空间

在朝向、保暖、防潮、隔热、隔声、通风、采光、照明等诸多方面满足人们在生理上对环境的要求。

(3) 创造有文化价值的生活环境

使人们在空间环境中工作、生活、休息时感到心情愉快，满足人们的精神要求，创造具有文化价值的生活环境是建筑装饰设计的出发点。在建筑装饰设计中，强调以人为本，强调人的参与和体验，从单纯的建筑空间转向对时空环境的关注，从单纯的为装饰而装饰提高到对艺术风格、文化特色和美学价值的追求及意境的创造（见图 1-7、图 1-8）。

**图 1-7　现代建筑装饰设计**

**图 1-8　现代建筑装饰设计**

## 小　　结

1. 建筑装饰设计是建立在客观物质环境基础上，以现代建筑环境科学研究成果为指导，运用一定的物质技术手段与经济手段，对建筑内部空间进行创造与组织，形成安全、卫生、舒适、优美、生态的空间环境，使建筑物内部具有识别功能和艺术享受的功能，满足人们对物质与精神双重功能的需求。

2. 建筑装饰设计的作用主要表现在满足人们的物质与精神双重功能的需求：(1) 强化建筑空间的性质，就是将不同特性的空间设置不同效果的装饰艺术，使空间更富有特性；(2) 强化建筑时空环境的意境和氛围，使人们的精神得以调解，灵性得以发挥；(3) 弥补结构空间的缺陷与不足，强化建筑的空间序列效果，提高观赏艺术和使用功能。

3. 建筑装饰设计的主要任务包含 3 个方面的内容：创造合理的空间关系；创造舒适的使用空间；创造有文化价值的生活环境。

## 思考题

1－1　建筑装饰设计的概念是什么？

1－2　建筑装饰设计的作用是什么？

1－3　建筑装饰设计的任务是什么？

**进一步阅读推荐书目**

来增祥．室内设计原理．2 版．北京：中国建筑工业出版社，2004.

# 2 建筑装饰设计风格与流派

## 学习目标

1. 了解中国古代建筑装饰、西方古代建筑装饰、其他国家和地区传统建筑装饰和现代建筑装饰的发展与演变。

2. 掌握中西方不同历史阶段的典型建筑装饰实例，能区别不同历史时期的艺术风格与特点。

3. 掌握现代建筑装饰不同风格与流派的主要艺术特点。

4. 运用所学的建筑装饰历史知识，对建筑装饰进行较为科学的分析与鉴别，批判地继承和正确地认识中国与西方各地区不同历史阶段优秀的建筑装饰遗产和传统艺术文化。

## 学习重点

1. 中国古代不同历史时期的建筑装饰风格与特点。
2. 西方不同历史时期的建筑装饰风格与特点。
3. 西方不同历史阶段的典型建筑装饰实例。
4. 古代埃及、印度、日本以及伊斯兰典型建筑装饰艺术风格与特点。
5. 现代建筑装饰不同风格与流派的主要艺术特点。

## 2.1 中国建筑装饰发展概述

### 2.1.1 原始社会时期

中国是人类文明的发祥地之一，中国的史前时期即考古学家所称的旧石器时代和新石器时代，属社会发展史上的原始社会。在旧石器时代，人们的主要劳动工具是打制的石器，利用石器从事采集和狩猎活动。漫长的旧石器时代，我们的祖先在打制石器的过程中，逐步培养起造型技能，萌发出审美观念。从距今约一万年前开始，人类社会进入新石器时代，当时的主要劳动工具是造型规整的磨制石器，在工艺领域的突出成就就是发明了陶器，此外还出现编织、纺织、牙雕等工艺门类。这时，可以称原始建筑的居所有两类，即巢居和穴居。

生活在密林中的先民采取巢居形式在树上筑巢居住以避免猛兽攻击，被称为“有巢氏之民”。因树木生长变动，巢居遗址无以留存。而生活在山地、中原的先民采用穴居形式挖土开洞穴居住。中国新石器时代的先民居处，根据穴居程度的不同，有深穴居、半穴居、浅穴居和地面居等不同形式，其中以圆形和方形的半穴居住宅最为普遍，圆形深穴居遗址也较多。半坡遗址聚居中的大穴洞平面上可见到用隔墙划分小居室的做法，连间式房屋的雏形已可见到。

原始人在住穴洞内为了克服潮湿的弊病，将洞内作烘烤处理，或作底部铺垫“红烧土”。在仰韶文化晚期，河南西部地区已出现向地面铺石灰质白灰面层的做法，在龙山建筑遗址中“白灰面层”做法有更多出现。

原始人在半穴居房屋或窑洞的房屋中央设灶坑，坑内架柴烧火，以火上架陶罐煮食或直接烧烤猎物为食。这种既可烧煎食物，又同时烤火取暖的生活方式延续久远，在现今中国南方一些少数民族的居屋仍可见到。

穴居中先民使用的器皿大多为陶制，从出土文物遗物可见其大多造型美观，图形单纯，色彩鲜艳，装饰效果很强。在黄土围合的洞穴中，这些生活艺术品点缀、装饰了空间，给枯燥的生活带来情趣，寄托着先民追求美好生活的愿望，也显示了他们的智慧和艺术才华，凝聚着他们淳朴的人性。这些艺术品早已成为后人搜寻并珍藏的室内陈设的艺术品。

### 2.1.2 商周与春秋战国时期

公元前16世纪建立的商朝是奴隶社会的大发展时期，它以河南中部及北部的黄河流域为统治中心。随着生产工具的进步及大量奴隶劳动的集中，这一时期的建筑技术水平也有了明显的提高。春秋战国时期，宫殿建筑的新风尚是大量建造台榭——在高大的夯土台上再分层建造。这种土木结合的方法，使建筑物外观宏伟，位置高敞，非常适合宫殿的目的要求。

商周的建筑，尤其是宫殿建筑，可以明显划分为台基、屋身、顶层三大段。这是传统的中国建筑的一个重要特征，后来的建筑依然保留着这份形态，只是更加完整和成熟。为保护垒土墙和土坯墙并取得平整的墙面，涂墁做法更加流行。它是原始时代木骨泥墙的继承，但在材料和技术上又有了新的发展。涂墁之余，不少建筑的墙面还以彩绘作美化（见图2-1）。除涂墁墙面外，也常常涂地面。《尔雅》记“地谓之黝”，说明一般人家的地面为黑色。木构件有作彩绘的，也有作雕刻的。夏商，尤其是西周已能使用多种颜色，但不同时期有不同爱好。据《考工记》记载，夏尚黑，商尚白，西周则尚红色。

春秋战国继承了前代的建筑技术，但在砖瓦及木结构装修上又有新的发展。随着制砖、制瓦技术的提高，还出现了专门用于铺地的花纹砖，燕下都出土的花纹砖有双龙、回纹、蝉纹等文饰。木结构的装修装饰逐渐丰富，贵族士大夫的宫室“丹楹刻角”、“山节藻悦”、“设色施章”、“美轮美奂”极尽彩绘装修之能事。此时的彩饰已经不是简单的平涂，很可能就是初始的彩画了。到了战国时期，当时的宫室殿宇的门楣，刻镂绮文、朱丹漆画，已是相当华丽。春秋战国时期的斗拱比此前更完美，支撑处有斗拱，斗拱形式已经很完整，类型也比以前更丰富。

图 2-1 北周时期的墙面壁画

战国时期是我国低形家具的形成期，因为那时的生活方式仍然是“陈之曰筵，坐之曰席”的跪坐式。此时家具的总体特点是造型古朴，用料粗硕，漆饰单纯而粗犷。

随着手工业的发展，特别是制铜技术的成熟，青铜器成为人们生活当中不可缺少的器物。这些青铜器的制作相当精美，上面布满了美丽的花纹。它们不仅是生活中的器皿，而且也是重要的室内装饰品。商代是我国青铜器文化高度发展的时代，不但有青铜制的农业生产工具，还有青铜制的手工工具、武器及供奴隶主使用的日用器皿、装饰品和乐器等。这些青铜器造型奇特、装饰绚丽、气氛神秘，在世界文化艺术史上占有重要的地位，对当时的室内设计也有深刻的影响。

### 2.1.3 秦汉时期

秦、西汉、东汉三个朝代，是中国统一的多民族封建国家建立与巩固的时期，也是我国民族艺术风格发展的重要时期。公元前221年，秦始皇嬴政统一中国，定都咸阳，建立了我国历史上第一个中央集权制的封建大帝国，在政治、经济、文化等领域，进行了一系列改革，高度重视造型艺术，使其为宣扬统一功业、显示王权威严的政治目的服务，在建筑、雕塑、绘画等方面，都取得了极其辉煌的成就。秦传至二世，即被陈胜、吴广领导农民大起义推翻，代之而起的是西汉王朝的建立。西汉初期的统治者鉴于秦王朝覆灭的教训，采取了轻徭薄赋、安济百姓等缓和阶级矛盾的措施，使社会经济获得恢复和发展。武帝执政时期先后开辟通往西域及南海的道路，扩大了汉帝国的疆域，促进了汉族与周围各少数民族的融合，密切了中、外经济文化的交流。

秦汉时期处在中国封建社会的上升时期，造型艺术表现了广阔无垠的宇宙意识，体现了浪漫主义和现实主义相结合的精神。

秦汉时期伴随着统一的中央集权制封建国家的建立与巩固，国力增强，都城、宫苑、陵园等各类建筑的规模急剧扩大，建筑艺术也日趋成熟。秦汉时期建筑规模宏大，类型繁多，充分体现了雄浑、豪放、朴拙的风韵，并已初步具备中国传统建筑的特征。其独特的风格与艺术成就，对后世具有深远影响。

汉代民居已逐步体现出我国建筑的特有风格，小型住宅的平面为方形、长方形，以木构架结构为主，墙壁用夯土筑造。较大型住宅，平面呈“一”字形或曲尺形，半房或楼房，用墙垣构成院落。也有三合式和“日”字形平面的住宅，“日”字形住宅有前后两重院落，而中央一排房舍较高大，正中有楼高起，与前后较低矮房屋构成主次分明的外观（见图2－2）。

图2－2 曲阜画像石

秦汉时期，木构架建筑渐趋成熟，砖石建筑拱券结构有了发展，叠梁式和穿斗式两种木结构已经形成。叠梁式木结构为柱头承檩，并有穿枋连接柱子的穿斗式木构架形象。穿斗式木结构为柱上架梁，梁上立短柱，再架短梁的木构架形象。这两种结构直至近代仍广泛应用。

秦汉时期的建筑装饰，主要包括壁画、画像砖、画像石、瓦当四个门类。秦始皇统一中国后，瓦当图案更加丰富多样，除流行云纹与葵瓣纹瓦当外，咸阳、西安等地还出土了四鹿纹、四兽纹、子母凤纹及鹿鸟昆虫纹瓦当，构图更为饱满，形式益加华丽。此外，秦代开始出现吉祥文字瓦当。两汉最流行卷云纹瓦当及吉祥文字瓦当。西汉末年到新莽时期，出现青龙、白虎、朱雀、玄武四神瓦当，形象矫健活泼，瓦当中央的半球形图案越来越显著。汉人擅长将表意的汉字变成庄重典雅的装饰艺术品。

斗拱是中国古建筑中独特的结构构件，它除具有结构功能外，也是建筑形象的重要组成部分，有极强的装饰效果。斗拱在汉代得到了极大的发展，它的种类很多，可谓达到了千奇百怪的程度。在各种阙、墓葬及画像砖中，都可以见到斗拱的形象。

秦汉时期建筑装饰纹样题材丰富多样，大致可分为人物纹样、几何纹样、动物纹样、植物纹样四类。人物纹样包括历史事迹、神话和社会生活等；植物纹样以卷草、莲花为主；动物纹样有龙凤、蟠螭等。这样的纹样以彩绘与雕、陶等方式用于地砖、梁柱、斗拱、门窗、墙壁、天花板和屋顶等处。

用色彩装饰木构件的做法早已出现，比较正规的藻井彩画则出于秦汉。藻井通常画荷等水生植物，常用于顶界面的重点部位，如宫殿中帝王宝座的顶部、寺庙中神像佛龛的顶部等。它如同弓然高起的伞盖，突出于空间构图的中心，以渲染庄严、神圣的气氛。秦汉时期的藻井，虽然没有之后的藻井复杂，但作为一种高等级的装修，也只能用于祠堂、庙宇、陵墓和宫殿。

秦汉时期的家具已相当丰富，可分为床榻、几案、菌席、箱柜、屏风等几大类。秦汉之时，家具有向高形渐进的趋势，床榻前设几、设案的情况随之增多。秦汉时期的几案形式各异，多为木制油彩髹漆，陶案也很普遍，铜案造型精美。箱柜的使用始自商周，与椟和匮同意。箱柜一般存储衣被、书籍，装饰精美。屏风在室内最具有装饰和美化作用。秦汉时期屏风被普遍使用，一般有钱有地位的人家都有屏风。屏风的主要功能是挡风和遮蔽，同时更是装饰性的陈设。屏风初时为木作，出现纸以后，以木为框，用纸糊之，也有用锦帛糊的，然后在屏风上描绘图画或写生，人们将这种屏风称之为书画屏风。有种透雕各种纹样或图案的屏风称之为雕镂屏风；玉屏风是用玉石作装饰的屏风。

### 2.1.4 魏晋南北朝时期

魏晋南北朝是中国历史上动荡战乱的时代，阶级和民族矛盾尖锐，政权分裂，战争频繁不断。魏晋时期发展了汉末的察举制度而形成曹魏九品官人制，进一步确立了士族制度的特权。士族的行为和思想也影响了当时的文学、艺术。在思想意识上，继汉末腐朽的经学束缚被冲破后，产生了玄学。虽然玄学的基本思想是唯心的，但玄学的发展也促进了逻辑思辨的发展和理论探索的自由空气。佛教传入后，在南北朝时期被统治者利用，发展十分迅速，佛教的传播也为中国古代文化的形成带来某些新的因素。西行求法运动促进了中国文化交流，尤其是大量寺院的兴建和造像的盛行，推动了建筑艺术和美术创作的发展。魏晋以来，少数民族对北方的侵袭，在社会经济上虽然造成了严重的破坏，但少数民族的文化丰富了中原固有的文化传统，从而形成了中华民族文化传统的新特色。北魏统一北方后，特别是孝文帝采取汉化进步措施以来，黄河、长江两大流域内的封建经济、文化实力得到前所未有的发展，这为强盛的唐朝的出现准备了条件。

东汉末年，中国陷入大战乱时期，直到589年隋朝才再次统一中国。这300多年是中国历史上又一个民族文化大融合、思想观念大革命的时期。但战争给人们的身心都带来了极大的伤害。于是，佛教走进人们内心，宗教建筑成为主流。佛教建筑在东汉末年开始兴起，魏晋隋唐是开窟建寺的高峰时期，此后直到封建社会晚期，佛教建筑一直是中国建筑的一个重要内容。佛教建筑主要包括佛寺、塔和石窟。

在魏晋时期，有许多寺庙是由皇亲和官吏们把官府宅第改建成佛寺的，所以，中国古代的佛寺建筑，与封建统治阶级的官府、宅邸、宫殿在形式上并无太大的区别。早期佛寺建筑布局多与大型宅第衙署相似，其主要不同之处是佛寺建有塔，形成平面方形木构楼阁式塔，这也是南北朝最通行的一种形式。佛塔自印度传到中国后与中国建筑形式结合，创造了中国楼阁式木塔。北魏正光四年即公元523年建造的河南登封县嵩岳寺塔，是我国现存年代最早的用砖砌筑的佛塔（见图2-3）。甘肃敦煌的莫高窟是我国最早开凿的石窟群之一。它的布局呈僧院型，两侧墙上各开四个小洞，窟顶及四壁布满壁画，题材多与佛教有关。北魏平定河西后，佛教进一步向东传播，石窟也陆续在内地开凿，最早开凿的是大同云冈石窟。

图 2-3 河南登封嵩岳寺塔外观

魏晋南北朝时期，建筑艺术及技术在前代的基础上进一步发展，楼阁式建筑相当普遍，平面多为方形。斗拱方面，额上施一斗三升拱，拱端有卷杀，柱头补间铺作人字拱，其中人字拱的形象也由起初的生硬平直发展到后来优美的曲脚人字拱。屋顶方面，东晋壁画中出现了屋角起翘的新样式，且有了举折，从而使体量巨大的屋顶显得轻盈活泼。此时的建筑多在墙上、柱上及斗拱上作涂饰，流行的设色方法是"朱柱素壁"、"白壁丹楹"。这种设色方法背景平素，红柱鲜明，靓丽而不失古朴，故也为后来的建筑所沿用。

魏晋南北朝时，许多木结构的表面都绘有绚丽多彩的彩画。这一时期的室内装修主要体现在墙面的壁画上，继承和发扬了汉代的绘画艺术，呈现出丰富多彩的面貌，并逐渐成为一门独立的艺术门类，一方面继续发挥着教育作用，另一方面又成了可供审美的艺术品。绘画的题材多种多样，对表现当时的生活显露兴趣，肖像画尤受重视，有了"悟对通神"、"览之若面"的要求，实质是士大夫阶层想从绘画中得到自我表现（见图 2-4）。

图 2-4 敦煌莫高窟壁画

魏晋南北朝时期的家具，正处于我国古代家具的探索期，其表现是低形家具继续发展，高形家具问世，其特点是吸收、融合，在一定程度上有创新。高坐具如椅子、方凳、圆凳、束腰形圆凳已由胡人传入。床已增高，下部用壶门作装饰，屏风也由几褶发展为多叠式。这些新家具对当时人们的起居习惯与室内的空间处理产生了一定影响，成为唐以后逐步废止床榻和席地而坐的前奏。

### 2.1.5 隋唐时期

隋、唐是结束了 300 多年的分裂混乱局面之后，相继建成的统一王朝。隋的历史较短，但是为了巩固统治，隋采取了恢复和发展社会经济的措施，缓和了社会矛盾，促进了农业、手工业和商业的发展，稳定了社会秩序。唐代的“贞观之治”和“开元盛世”，社会经济高度发展，手工业、商业发达，各民族接触密切，中外经济文化交流频繁，创造了辉煌灿烂的文化艺术，使唐王朝发展到兴盛的顶点，成为当时世界上最强大、最富庶，具有高度文明的大国。这个时期佛教、道教乃至统治阶级所提倡的大规模的石窟造像不断涌现，有敦煌莫高窟、洛阳龙门石窟、太原天龙山石窟和四川大足北山石窟。

隋唐时期石窟的窟形主要有两种：一种是北朝就已经出现的覆斗形窟，另一种是少量的大佛窟。覆斗式石窟类似“斗帐”，中心高起，没有压抑感，没有中心柱，既保证了充足光线，也为绘制大型的壁画提供了条件。这种石窟多由三部分组成，即前厅、洞室和佛龛。

隋唐时期殿堂、陵墓、寺院、住宅等建筑的装饰纹样丰富多彩，最常见的除莲瓣外，窄长花边上常用卷草构成带状花纹，或在卷草纹内杂以人物。这些花纹不但构图饱满，线条也很流畅挺秀。此外还常用回纹、连珠纹、流苏纹、火焰纹及飞仙等富丽饱满的装饰图案。隋唐建筑的墙壁多为砖砌，宫殿、陵墓尤其如此，已经发掘的唐永泰公主墓的甬道和墓室就都是用砖砌筑的。木柱、木板常涂朱红，土墙、编笆墙及砖墙常抹草并涂白。地面多铺地砖，地砖有素砖、花砖两类，花砖的花纹多以莲花为主题。顶棚的做法有两类：一类是“露明”做法，另一类是“天花”做法。露明做法到宋代称为“彻上明造”，即将“上架”的坊、椽等直接暴露于室内，把屋顶的空间纳入室内空间，不另外作顶棚。其好处是做法简单，室内空间高爽，故常用于古代早期建筑及后来的次要建筑。天花做法又可分为三种。第一种是软性天花，即用秸秆扎架，于其上糊纸，多用于一般的住宅，讲究一点的，可以木条为料，贴梁做成骨架，再于其上糊纸，称为“海墁天花”，这种做法表面平整，色调淡雅，明亮亲切，多用于大型宅第和宫室。第二种是硬性天花，也称井口天花，做法是由天花梁坊、支条组成井字形框架，在其上钉板，并在板上彩绘图案，或作精美的雕饰，这种天花隆重、端庄，故多用于宫殿等较大空间。天花做法的第三种是藻井，藻井主要用于天花的重点部位，如宫殿、坛庙的中央，特别是帝王宝座和神像佛龛的顶部等，它如突然高起的伞盖，渲染着重点部位庄严、神圣的气氛，并突出构图的中心。藻井是天花中等级最高的做法。

隋唐五代壁画，在中国艺术史上占有重要的地位，特别是隋唐，可称为我国壁画发展的黄金时代。隋唐壁画有石窟壁画、寺观壁画、宫殿壁画和墓室壁画，其作者不仅有民间花匠，还有大批著名画家如阎立本、吴道子、卢棱枷、杨庭光、王维、李思训和孙位等。隋唐五代的装饰雕刻散见于桥、塔和陵墓。

唐代是我国高低形家具并行的时期，高形家具在原来的基础上又有了较大的发展，当时，人们的起居习惯已呈现出席地跪坐、伸足平坐、侧身斜坐、盘足叠坐、垂足而坐同时并存的现象。隋唐家具内容丰富，造型雍容大度，色彩富有洒脱，构图注重整齐对称，在艺术上具有很高的水平。

随着科学技术水平的提高，冶炼、制作、装饰工艺技巧日益高超，加上金银产地的扩大，这就为金银器的生产提供了技术和物质上的保证。唐代金银器器型繁多，除首饰之外，属于陈设的就有盆、碗、盘、罐、熏炉等。隋唐建筑装饰纹样基本沿用六朝和汉代的样式，主要有青龙、白虎、朱雀、玄武“四神”和十二生肖等。隋朝的陶器由汉代之衰逐渐转盛，品种有釉陶、灰陶和彩绘陶，器型有陶罐、博山炉和陶鼎等。唐朝陶器中最引人注目的是“唐三彩”（见图 2－5）。

图 2－5 唐三彩女俑

### 2.1.6 宋元时期

宋元时期出现了完整的建造系统的著作，有些建筑家名字被流传了下来。北宋初，木工喻浩曾著有《木经》。1103 年李诫主持编写的《营造法式》是中国古代木构建筑发展到成熟和鼎盛时期的不可多得的文献。它全面条理地编订了建筑设计、结构、用料和施工的规范，图文并茂，并总结了 1000 多年来的实践经验，是史上第一次采用国家颁布的形式对建筑进行的规范。其中重要的规定就是模数制的确立，以斗拱的拱材料面高度尺寸为一“材”，并以此为基本模数确立整栋建筑的一切（见图 2－6）。

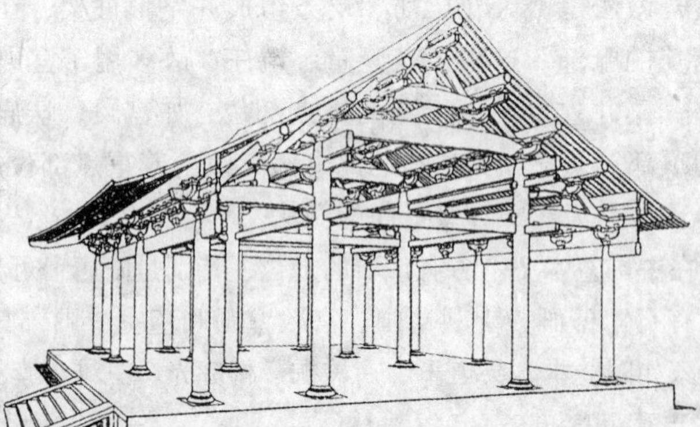

图 2－6 宋《营造法式》大木作制度示意图

宋朝的私家园林随着地区的不同，已开始具有不同的风格。北宋洛阳的园林，一般规模较大，具有别墅性质，引水凿池，盛植花卉竹木。园中垒土为山，建有少数堂厅水榭，散布于山池林木间，利用自然环境，采用借景手法，使整个林园更加宏阔，层次丰富多变。宋元时期的园林意识正是明清时期造园盛况的良好铺垫。

宋辽金时期的建筑，包括许多较大的殿堂，都不作吊顶，而是将梁架暴露在外，以表现梁架的结构美。这种做法，在《营造法式》中被称为“彻上露明造”。也有作吊顶者，并称其为天花，虽然遮挡了梁架，但能使空间显得更加整齐和完美。

在装修与色彩方面，装修上大量使用格子门和格子窗，阑槛钩窗。门窗格子的使用改进了室内采光条件，也增加了装饰效果。日本的格子门窗等受宋代影响沿用至今。当时还发展了大方格子平棋与强调主体空间的藻井，而较少使用小方格子组成的平窨。内部空间分隔也采用格子门，由于室内高型家具的使用，室内空间随之增高。

宋代在建筑色彩的运用上也大有发展，在木构架上采用各种华丽的彩画。彩画品种也有所增多，如遍画五彩花纹的“五彩遍装”，其做法是在构件的边缘用青或绿色叠晕轮廓，中间以朱色衬底（或者用朱色叠晕轮廓，用青色衬底），在衬底上面作五彩花饰，或同时使用金色，其形象比较华丽。以青绿两色为主的“碾玉装”和“青绿叠晕棱间装”，其特点是以青绿色为主调，不用朱色，具体做法又有许多种。还有由唐代米白两色发展而来的“解绿装”和“丹粉装”等，加上屋顶大量使用琉璃瓦，使建筑外貌十分华丽。这一时期，室外彩画的范围相当广泛，不仅包括梁、额、枋，而且还包括椽、斗拱和柱子等。

这一时期，文人士大夫儒雅的文学艺术表现成为主流，倡导质朴的文风及闲和淡泊的意境，推崇“平淡雅”，反对雕饰浮华。哲学思想上尊崇理性，从而影响到社会的许多方面。如反映到家具造型和工艺上，宋代家具多具有质朴简洁的造型和使用功能的理性美，在造型上不作大面积的雕饰处理，仅以朴素的线面为主，只在局部加以装饰，形成较好的节奏韵律。同时宋代家具也反映了当时是生活方式由席地跪坐转变到垂足起坐的完成时期，因此各类家具尺寸明显高于前代。

图 2-7　永乐宫壁画局部

相对而言，元代的建筑和室内装饰风格在继承了中原风格的基础上，又具有了一些游牧民族的异域风情。元代建筑的地面有砖、瓷砖、大理石，但更多是铺地毯；建筑的墙面、柱面以云石、琉璃装修，还常常包以织物，甚至饰以金银，元代已大量使用金箔；建筑的天花常常张挂织物，这在此前是较少见到的；元代建筑中广用刺绣，间用雕刻，其内容甚至包括圣母像等（见图2-7），这说明此时的内外交流对建筑的影响极其深刻；元尚白色，以白为吉，这在《蒙兀儿史记》

中已有记载。元宫殿装修豪华富丽，诸多陈设构思奇巧，还有许多工艺品直接出自外国匠师之手，这在此前也是少有的。

宋代工艺美术的成就以陶瓷为首。瓷窑遍及全国，除供应宫廷贵族高档瓷制品的官窑外，还有许多水平很高的民窑。多数论瓷者常把定窑、汝窑、官窑、哥窑和钧窑称为宋代的五大名窑，其实，流行于民间的磁州窑、吉州窑等也以其独特的、清新质朴的产品风格占有重要的地位。宋代漆器的总体风格与宋瓷一样，是以造型取胜，着重表现器物的结构比例和韵律，朴素无华而较少繁缛的装饰。宋代织物多种多样，纹饰活泼，不仅用于服饰，还大量用于书画装裱和室内陈设。

### 2.1.7 明清时期

明清时期是中国古代封建社会的最后阶段，自明代建国至1840年鸦片战争改变了中国社会的性质以前，中国社会处于封建社会的后期，这一时期也是中国艺术在一些方面走向衰落而在另一些方面取得空前发展的时期。1368年朱元璋建立了明朝，守旧压抑，闭关锁国。1644年，满族建立清朝，社会文化的保守使其与西方的差异进一步拉大。明清建筑，延续古代建筑传统并继续发展，在定型化和世俗化方面有了新的突破，并获得不小的成就，成为古代中国建筑史上的最后一个高峰。都城、宫廷、陵寝和苑囿规模宏大，一般官式建筑趋于规格化；地方公共建筑有了较大的发展，多姿多彩的私家园林尤为兴盛；宗教建筑仍以佛教寺塔最为突出，其中，藏族与蒙古族的喇嘛寺庙成就空前，在一些建筑中还出现了各民族建筑与中西建筑融洽的迹象。

郑和七次下西洋促进了中外文化交流和技术交流，经济的发展给明代社会带来了一片繁荣。在兴盛的国力形势下，园林和宅第建设随之发展起来，并且产生了对我国的园林、宅第建设有着重要意义的著作《园冶》和《天工开物》。

明、清两代最伟大的遗产就是北京城故宫，这也是我国现存规模最大、最完整，也是最精美的宫殿建筑（见图2－8）。北京城的规划和宫殿的布局，以一条贯穿南北中轴线为基准，整个故宫规模宏大，极为壮观。宫城内以太和殿、中和殿、保和殿三殿为主。前面有太和门，两侧有文华殿、武英殿两组宫殿，是朝会大典的所在。内廷以乾清宫、交泰殿、坤宁宫为主，是帝王居住之处。两侧还有供嫔妃居住的东西两宫和宁泰宫、慈宁宫等。最后面为御花园。中国传统园林艺术在明清时达到顶峰。不管是规模宏大的皇家园林还是小巧精致的私家园林，都造诣非凡，集中体现了我国造园艺术的特点和巨大成就。中国古代园林大体上可分三种类型：其一是面积较大、气派宏伟的皇家园林，如清代的“圆明园”及北京的“颐和园”（见图2－9）；其二是私家园林，如苏州的“拙政园”、“留园”等（见图2－10、图2－11）；其三是依风景名胜所建的园林，主要面对游人大众而建，如杭州“西湖”、昆明“西山滇池”等，这种园林，规模也很大，大多把自然与人造的景物结合一体，以自然为主。

图 2-8　北京紫禁城全景

图 2-9　北京颐和园

图 2-10　苏州拙政园室内场景

图 2-11　苏州留园

明清时期，砖已普遍用于民居砌墙，江南一带的“砖细”和砖雕加工已很娴熟。琉璃面砖、琉璃瓦的质量提高，色彩更加丰富，应用面愈加广泛，这时的琉璃瓦、砖不仅有白色、浅黄色、深黄色、深红色、棕色、绿色、蓝色、黑色等多种色彩，而且可以将表面制作得具有浮雕效果。为便于镶砌装配，琉璃砖被制成了带榫卯的预制构件，被广泛地应用于塔、门、照壁等建筑物中。

斗拱和雀替均为我国古建筑中的结构构件。斗拱由方形的斗、升和矩形的拱以及斜的昂组成。雀替是安置于梁或阑额与柱交接处承托梁枋的木构件，它可以缩短梁枋的净跨距离。由于普遍使用砖瓦建造房屋，作为结构构件的斗拱和雀替就逐渐失去了实用意义，成为纯粹的建筑装饰。柱子是建筑中的主要结构构件，但同时也具有重要的装饰功能。在很早以前柱子就被涂上了油漆，到明清时，一般以朱色柱为主，有时柱子上被绘以彩画，或雕刻（见图2－12）。

图2－12 祈年殿内景

在室内陈设与家具方面，随着手工业的发展，明代的苏州，清代的广州、杭州、宁波等地区成为家具制作的中心。这时期家具的类型和样式，除了满足生活起居的需要之外，也与建筑有了更紧密的联系。厅堂、卧室、书斋等都有几种常用家具的配置，出现了成套家具的概念。至于统治阶级的宫廷和府第，往往把家具作为室内设计的重要组成部分，还在建造房屋时即根据房屋的进深、开间大小和使用要求，考虑配套家具的种类、式样、尺度等进行成套摆放。

从家具的发展趋势看，明代家具以简洁素雅著称，清代家具在造型与结构上继承了明代的传统，但宫廷家具造型趋向繁缛复杂，并将工艺美术的技术工艺用于家具装饰上，出现了雕漆、填漆、描金的漆家具。木制家具也增加了雕刻、镶嵌装饰，如用玉石、陶瓷、珐琅、文竹、螺钿、金银丝等作成镶嵌。由于家具装饰过于强调突出，从而破坏了家具的整体形象及比例和色调的统一和谐，从艺术成就看，清式家具不如明式家具。明式家具品种齐全，造型丰富，艺术风格成熟，得到世界的承认。

明清时期，工艺品、陈设品全面发展，室内陈设的丰富性和艺术性，是之前的历朝历代无可比拟的。其工艺美术品繁多，大宗的是瓷器、织绣、漆器、金属工艺等，其他特种工艺、民间工艺与少数民族工艺也极为发达。一般而言，在民间工艺与少数民族工艺中，实用、经济与美观的结合较好，善于化腐朽为神奇地进行巧夺天工的创造，作品具有浓郁的生活气息，风格质朴健康。在贵族化的工艺品中，虽因物质条件、生产条件优越而有便于发挥工匠艺术家的聪明才智，在技艺上达到了难以想象的精巧与熟练，但来自民间的审美观念却渐被统治者唯求繁艳细巧的审美意识所取代，经济实用与美观相统一的原则也渐为纯观赏又孤立讲求技艺的倾向所代替，在繁丽精巧的背后则是精神面貌的衰靡与毫无生气。

## 2.2 西方建筑装饰发展概述

### 2.2.1 古希腊的建筑装饰

古希腊的建筑艺术，是欧洲建筑艺术的源泉与宝库。古希腊建筑风格的特点主要是和谐、完美、崇高，古希腊的神庙建筑则是这些风格特点的集中体现者。

古希腊建筑装饰的典型特征是：追求建筑的檐部（包括额枋、檐壁、檐口）及柱子（包括柱础、柱身、柱头）的严格和谐的比例以及以人为尺度的造型格式。古希腊最典型、最辉煌，也是意味最深长的柱式主要有三种，即多立克、爱奥尼和科林斯柱式（见图2-13）。多立克的柱头是简单而刚挺的倒立圆锥台，柱身凹槽相交成锋利的棱角，没有柱础，雄壮的柱身从台面上拔地而起，柱子的收分和卷杀十分明显，力透着男性体态的刚劲雄健之美。爱奥尼，其外在形体修长、端丽，柱头则带婀娜潇洒的两个涡卷，尽展女性体态的清秀柔和之美。科林斯的柱身与爱奥尼相似，其柱头则更为华丽，形如倒钟，四周饰以锯齿状叶片，宛如满盛卷草的花篮。

图2-14~图2-16为古希腊风格建筑样式。

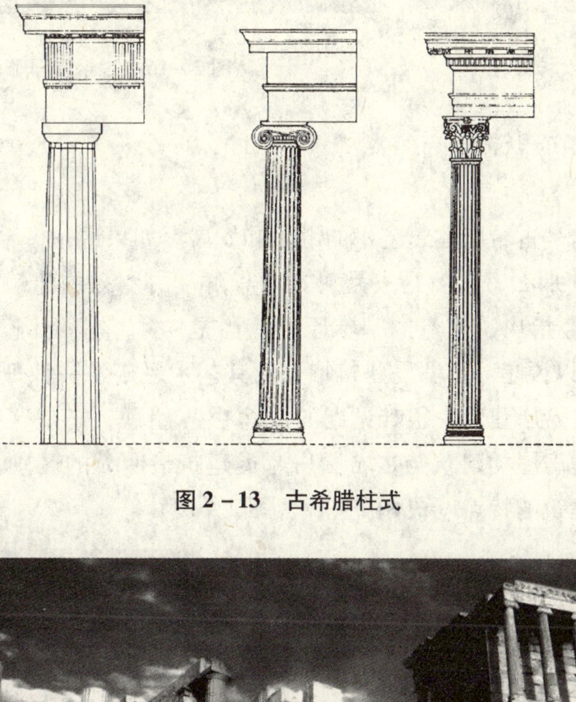

**图2-13　古希腊柱式**

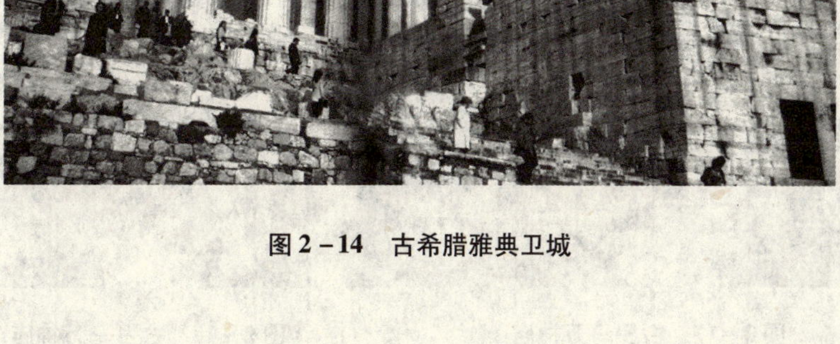

**图2-14　古希腊雅典卫城**

图 2－15 女神像柱

图 2－16 古希腊浮雕

### 2.2.2 古罗马的建筑装饰

古罗马的建筑艺术是古希腊建筑艺术的继承和发展。如果说，古希腊人崇拜人是通过崇拜“神”来体现的话，那么，古罗马人是对人的崇拜。古罗马的建筑理论家维特鲁威，在其《建筑十书》中曾经指出，建筑的基本原则应当是“须讲求规例、配置、匀称、均衡、合宜以及经济”。这可以说是对古罗马建筑特点及其艺术风格的一种理论总结。从而在屋顶造型方面，出现了在古希腊建筑中很难见到的“穹拱”屋顶。正是这种“穹拱”屋顶，成为古罗马建筑，特别是房屋类建筑与古希腊房屋类建筑最明显的区别。以“圆”为主的风格，是典型的古罗马建筑的特点（见图 2－17、图 2－18）。

图 2－17 古罗马万神庙

图 2－18 古罗马万神庙穹顶

古罗马的典型住宅为列柱式中庭，有前后两个庭院，前庭中央有大天窗的接待室，后庭为家庭用的各个房间，中间为祭祀祖先和家庭之用，并有主人的接待室。室内的墙面一般在下部建筑线脚和壁柱的细部涂有颜色，形成墙裙；墙面上部用固体颜料和天然染料制作壁画，以室外景观、神话故事和日常生活场景为主要题材；地面也出现了一些装饰细部、马赛克画等，室内色彩以黑色和朱红色为主。

古罗马的家具有从意大利庞贝遗址出土的金属家具和大理石家具，以及从壁画上可见到的各种旋木腿桌椅、躺椅等。

古罗马样式和地方特色相结合，产生了罗马样式。11～12世纪时，宗教建筑盛行，罗马样式由欧洲长方形会堂的教堂发展而来，加厚了拱形建筑的墙壁，建筑厚壁所产生的庄重美，以及教堂建筑窗少，室内很暗而造成的内装修浮雕及室内雕塑的神秘感，为其艺术特色。

### 2.2.3 拜占庭建筑装饰风格

“拜占庭”原是古希腊的一个城堡，公元395年，显赫一时的罗马帝国分裂为东西两个国家，西罗马的首都仍在当时的罗马，而东罗马则将首都迁至拜占庭，其国家也就顺其迁移，被称为拜占庭帝国。

拜占庭最辉煌的代表就是君士坦丁堡的圣索菲亚大教堂。在整体幽暗的室内环境中，圣索菲亚大教堂整个穹顶仿佛没有依托，飘浮在空中。其空间装饰有着灿烂夺目的色彩效果，柱子多数是深绿色。柱头由镶着金箔的白色大理石构成，墩子和墙全部采用白、绿、黑和红色等大理石贴面，穹顶镶嵌着金色和蓝色底子的马赛克，地面也由彩色马赛克铺装而成（见图2－19～图2－22）。

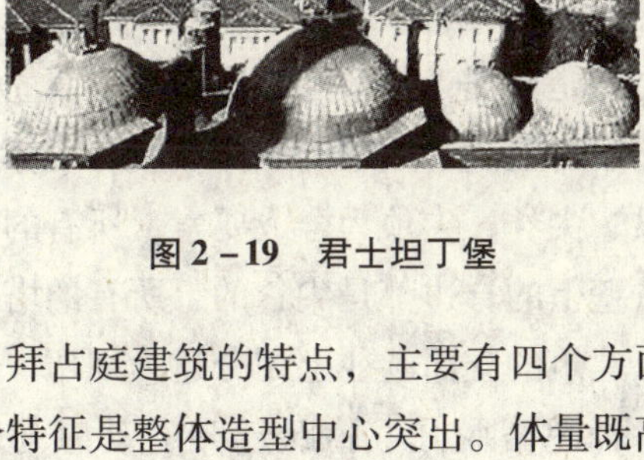

图2－19 君士坦丁堡

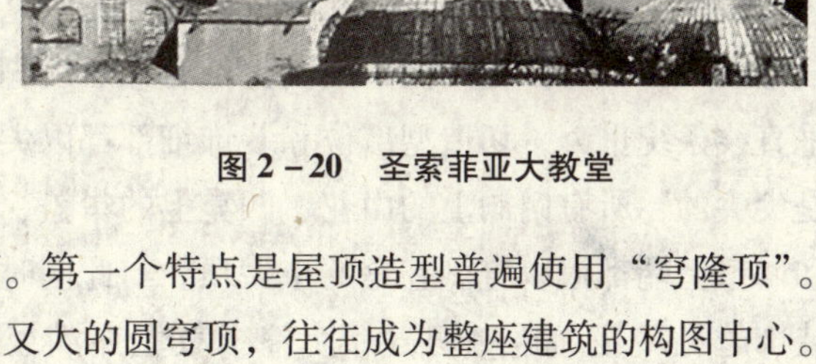

图2－20 圣索菲亚大教堂

拜占庭建筑的特点，主要有四个方面。第一个特点是屋顶造型普遍使用“穹隆顶”。第二个特征是整体造型中心突出。体量既高又大的圆穹顶，往往成为整座建筑的构图中心。第三个特点是它创造了把穹顶支承在独立方柱上的结构方法和与之相应的集中式建筑形制。其典型做法是在方形平面的四边发券，在四个券之间砌筑以对角线为直径的穹顶，仿佛一个完整的穹顶在四边被发券切割而成，它的重量完全由四个券承担，从而使内部空间获得了极大的自由。第四个特点是色彩灿烂夺目。

图 2－21　圣索菲亚大教堂穹顶

图 2－22　圣索菲亚大教堂穹顶

### 2.2.4　哥特式建筑装饰风格

哥特，原为参加覆灭古罗马帝国的一个日耳曼民族，其称谓含有粗俗、野蛮的意思。它是文艺复兴时期的欧洲人因厌恶中世纪的黑暗而“赠”给中世纪建筑的。习惯上人们将与中世纪的这种主要建筑风格一致的建筑，均称“哥特式建筑”。

哥特式建筑的总体风格特点是：空灵、纤瘦、高耸、尖峭。尖峭的形式，是尖券、尖拱技术的结晶；高耸的墙体，则包含斜撑技术、扶壁技术的功绩。而那空灵的意境和垂直向上的形态，则是基督教精神内涵的最确切的表述。高而直、空灵、虚幻的形象，似乎直指上苍，启示人们脱离这个苦难、充满罪恶的世界，而奔赴“天国乐府”。其典型构图是一对高耸的尖塔，中间夹着中厅的山墙，在山墙檐头的栏杆、大门洞上设置了一列布有雕像的凹龛，把整个立面横联系起来，在中央的栏杆和凹龛之间是象征天堂的圆形玫瑰窗。西立面作为教堂的入口，有三座门洞，门洞内都有几层线脚，线脚上刻有成串的圣像。所有墙体上均由垂直线条统贯，一切造型部位和装饰细部都以尖拱、尖券、尖顶为合成要素，所有的拱券都是尖尖的，所有门洞上的山花、凹龛上的华盖、扶壁上的脊边都是尖耸的，所有的塔、扶壁和墙垣上端都冠以直刺苍穹的小尖顶。与此同时，建筑的立面越往上划分越为细巧，形体和装饰越见玲珑。这一切，都使整个教堂充满了一种超俗脱凡、腾跃迁升的动感与气势

(见图2－23、图2－24)。

图2－23 亚眠主教堂

图2－24 兰斯主教堂内部

其次，从内部空间的特点看，哥特式教堂的平面一般仍为拉丁十字形，中厅窄而长、瘦而高，教堂内部的结构全部裸露，近似于框架式，垂直线条统帅着所有部分，使空间显得极为高耸，象征着对天国的憧憬。束状的柱子涌向天顶，像是一束束喷泉从地面喷向天空，有时像是森林中一棵棵挺拔的树干，叶饰交织，每当阳光从布满窗棂间的彩色玻璃照射进来时，整个教堂的空间便弥漫着迷离与幽幻，教堂仿佛就是天堂。此种气氛尽显了基督教的精神，而这种气氛的形成，又无疑得益于尖券、尖拱及空间结构等技术。

### 2.2.5 欧洲文艺复兴建筑装饰风格

文艺复兴建筑是欧洲建筑史上继哥特式建筑之后出现的一种建筑风格。15世纪产生于意大利，后传播到欧洲其他地区，形成带有各自特点的各国文艺复兴建筑。意大利文艺复兴建筑在文艺复兴建筑中占有最重要的位置。

文艺复兴建筑最明显的特征是扬弃了中世纪时期的哥特式建筑风格，而在宗教和世俗建筑上重新采用古希腊和古罗马时期的柱式等构图要素。

文艺复兴时期的建筑师和艺术家们认为，哥特式建筑是基督教神权统治的象征，而古希腊和古罗马的建筑是非基督教的。他们认为这种古典建筑，特别是古典柱式构图体现着和谐与理性，并同人体美有相通之处，这些正符合文艺复兴运动的人文主义观念。但是意大利文艺复兴时代的建筑师绝不是食古不化的人，虽然有人（如帕拉第奥和维尼奥拉）在著作中为古典柱式制定出严格的规范，但当时的建筑师，包括帕拉第奥和维尼奥拉本人在内并没有受规范的束缚，他们一方面采用古典柱式，一方面又灵活变通、大胆创新，甚至将各个地区的建筑风格同古典柱式融合在一起。他们还将文艺复兴时期的许多科学技术上的成果，如力学上的成就、绘画中的透视规律、新的施工机具等，运用到建筑创作实践中去。

文艺复兴样式具有冲破中世纪装饰的封建性和闭锁性而重视人性的文化特征。将文化艺术的中心从宫殿移向民众，在对古希腊文化、古罗马文化再认识的基础上具有对古典样式再充实的意义。

图2-25～图2-30为文艺复兴时期典型建筑装饰样式。

**图2-25　佛罗伦萨主教堂**

**图2-26　佛罗伦萨主教堂穹顶**

**图2-27　美狄奇府邸外观及中庭**

**图2-28　美狄奇府邸中庭**

图 2－29 米开朗基罗设计的劳伦齐阿纳图书馆

图 2－30 拉斐尔的油画《雅典学院》

## 2.2.6 欧洲巴洛克建筑装饰风格

巴洛克建筑是 17～18 世纪在意大利文艺复兴建筑基础上发展起来的一种建筑和装饰风格。其特点是外形自由，追求动态，喜好富丽的装饰和雕刻及强烈的色彩，常采用穿插的曲面和椭圆形空间。

“巴洛克”一词的原意是奇异古怪，古典主义者用它来称呼这种被认为是离经叛道的建筑风格。其艺术特征为打破文艺复兴时代整体的造型形式而进行变态，在运用直线的同时也强调线形滚动变化的造型特点，具有过多的装饰和华美的效果。这种风格在反对僵化的古典形式、追求自由奔放的格调和表达世俗情趣等方面起了重要作用，对城市广场、园林艺术以致文学艺术都发生影响，一度在欧洲广泛流行。在室内，将绘画、雕刻、工艺集中于装饰和陈设艺术上，墙面装饰多以展示精美的法国壁毯为主，以及镶有大型镜面或大理石，以线脚重叠的贵重木材镶边板装饰墙面等。色彩华丽且用金色予以协调，以直线与曲线协调处理的猫脚家具配合

图 2－31 巴比林府的穹顶画

图 2－32 圣彼得大教堂的青铜华盖

其他各种装饰工艺手段的使用，构成室内庄重、豪华的气氛。

巴洛克建筑风格也在中欧一些国家流行，尤其是德国和奥地利。17 世纪下半叶，德国不少建筑师留学意大利归来后，把意大利巴洛克建筑风格同德国的民族建筑风格结合起来。到 18 世纪上半叶，德国巴洛克建筑艺术成为欧洲建筑史上的一朵奇花。

图 2－31 和图 2－32 为巴洛克风格建筑装饰。

### 2.2.7 欧洲洛可可风格的建筑装饰艺术

洛可可样式是继巴洛克样式之后于欧洲发展起来的样式。洛可可风格出现于 18 世纪法国古典主义后期，流行于法、德、奥地利等国。洛可可主要是一种室内装饰风格。比起巴洛克样式的厚重特点，洛可可以其不均衡的轻快、纤细曲线著称，从中国和印度输入欧洲的室内装饰品曾给予其影响。

“洛可可”一词来自法国宫廷庭园中用贝壳、岩石制作的假山“洛卡优”，意大利人误叫成“洛可可”而流传开来。它的主要特点是一切围绕柔媚顺和来构图，特别喜爱使用曲线和圆形，尽可能避免方角。在装饰题材上，常常喜用各种草叶及蚌壳、蔷薇和棕榈。以质感温软的木材取代过去常常使用的大理石。墙面上不再出现古典程式，而代之以线脚繁复的镶板和数量特多的玻璃镜面。喜用娇嫩的色彩，如白色、金色、粉红色、嫩绿色、淡黄色，尽量避免强烈的对比。线脚多用金色，天花板常涂天蓝色，还常常画上飘浮的白云。此外还喜欢张挂绸缎的幔帐和晶体玻璃吊灯，陈设瓷器古玩，力图显出豪华的高雅之趣。然而，它的格调却因装饰手法的过于刻意，往往是脂粉之气过浓，高洁之意不足，堆砌、柔媚有余，自然韵雅不足。为了模仿自然形态，室内建筑部件也往往做成不对称形状，变化万千，但有时流于矫揉造作。室内墙面粉刷，喜用嫩绿、粉红、玫瑰红等鲜艳的浅色调，线脚大多用金色。室内护壁板有时用木板，有时制作成精致的框格，框内四周有一圈花边，中间常衬以浅色东方织锦。

图 2－33 和图 2－34 为洛可可风格建筑装饰。

**图 2－33 洛可可风格教堂室内**

**图 2－34 洛可可风格室内装饰**

洛可可风格反映了法国路易十五时代宫廷贵族的生活趣味，曾风靡欧洲。这种风格的代表作是巴黎苏俾士府邸公主沙龙和凡尔赛宫的王后居室。

### 2.2.8 法国古典主义建筑装饰风格

法国在17世纪到18世纪初的路易十三和路易十四专制王权极盛时期，开始竭力崇尚古典主义建筑风格，建造了很多古典主义风格的建筑。古典主义建筑造型严谨，普遍应用古典柱式，内部装饰丰富多彩。

随着古典主义建筑风格的流行，巴黎在1671年设立了建筑学院，学生多出身于贵族家庭，他们瞧不起工匠和工匠的技术，从而形成了崇尚古典形式的学院派。学院派建筑和教育体系一直延续到19世纪。学院派有关建筑师的职业技巧和建筑构图艺术等观念，统治西欧的建筑事业达200多年。

法国古典主义建筑的代表作品有巴黎卢浮宫的东立面（见图2-35）、凡尔赛宫和巴黎伤兵院新教堂等。凡尔赛宫不仅创立了宫殿的新形制，而且在规划设计和造园艺术上都为当时欧洲各国所效法（见图2-36）。

在18世纪上半叶和中叶，国家性、纪念性的大型建筑比17世纪显著减少。取而代之的是大量舒适安谧的城市住宅和小巧精致的乡村别墅。在这些住宅中，美奂的沙龙和舒适的起居室取代了豪华的大厅。在建筑外形上，虽然巴洛克教堂式样很快被其他建筑物所效法，但这时期巴黎建筑学院仍是古典主义的大本营。

**图2-35 卢浮宫立面**

**图2-36 凡尔赛宫全景**

### 2.2.9 欧洲新艺术运动建筑装饰风格

欧洲新艺术运动开始于19世纪80年代比利时的布鲁塞尔。比利时是欧洲发展最早的国家之一，工业制品的艺术质量问题在那里显得比较尖锐，新艺术运动的目的是解决建筑和工艺品的艺术风格问题。设计师们竭力反对历史的形式，希望创造一种前所未见的，能适应工业时代精神的简化装饰。新艺术运动的装饰主题是模仿自然界生长繁盛的草木形状和曲线。凡墙面、家具（见图3-37）、栏杆及窗棂等装饰莫不如此。由于铁便于制作各种曲线，因此室内装饰中大量应用铁构件（见图2-38）。1884年以后新艺术运动迅速地传遍欧洲，在德国称之为“青年风格派”，也影响到美国。它体现了现代建筑室内设计中简化与净化的倾向。

图2-37 新艺术运动风格家具

图2-38 位于布鲁塞尔馆都灵路12号住宅

欧洲新艺术运动对世界设计发展有至深至远的影响，对现代艺术的发展也有着重要意义。

### 2.2.10 欧洲新古典主义建筑装饰风格

新古典主义作为一个独立的艺术流派名称最早出现于18世纪中叶的欧洲大陆的建筑装饰及艺术绘画界，相关的设计思维及概念总结从法国开始。伴随欧洲资产阶级的风暴，艺术家与设计师们人为地将传统的艺术形式语言保留与添加，运用新的表达方式对传统文化进行改良、优化，同时资产阶级革命促使生产力极大提高，新的材料和新的工艺不断出现，新古典主义便随之出现了。新古典主义不但保存了传统文化精髓中的典雅端庄的高贵气质，而且传统文化所崇尚的艺术规律、秩序均衡、典雅也得以保留，同时参合新的意识形态，从而改造了古典时期文化狭隘的文化意识。

新古典主义以尊重自然、追求真实、复兴古代的艺术形式为宗旨，特别是古希腊、古罗马文明鼎盛期的作品，或庄严肃穆，或典雅优美，但不照抄古典主义，并以摒弃抽象、绝对的审美概念和贫乏的艺术形象而区别于16世纪和17世纪传统的古典主义（见图2-39、图2-40）。

图 2-39 巴黎先贤寺

图 2-40 巴黎先贤寺室内

# 2.3 其他国家建筑装饰风格

## 2.3.1 古代埃及建筑装饰

埃及是世界上最古老的国家之一，在这里产生了人类第一批巨大的纪念性建筑物。大约在公元前3000年左右，埃及成为统一的奴隶制帝国，埃及的奴隶主直接从氏族贵族演化出来，氏族公社没有完全破坏，公社成员受奴隶主奴役，地位同奴隶相差无几。因此国家机器特别横暴，形成了中央集权的皇帝专制制度。由于有很发达的宗教为这种政权服务，因此产生了强大的祭司阶层。皇帝的宫殿、陵墓以及庙宇因此成了主要的建筑物，它们追求震慑人心的艺术力量。

尼罗河两岸缺少良好的建筑木材，石头是埃及主要的自然富源，劳动人民以异常精巧的手艺用石头制造生产工具、日用家具、器皿，甚至极其细致的装饰品。早在用石头做工具的时候，公元前4世纪，古埃及人就会用光滑的大块花岗石板铺地面。相信神明和来世的古埃及人用石头建造了大量神殿和王坟墓室（见图2-41～图2-44）。古王国时期大量极其巨大的纪念性建筑物，砌筑得严丝合缝，在没有风化的地方，至今连刀片都插不进去。在这些坚硬的花岗石上，古埃及的劳动者早在主要用石质工具的时期，就刻下了大量的浮雕，用巨大的雕像装饰纪念性建筑物，不仅在石材上雕出用木材或纸草的柱子模样，甚至逼真地刻出编织的苇箔的模样。

图2－41　古埃及金字塔与狮身人面像

图2－42　阿布辛贝勒阿蒙神庙

图2－43　鲁克索阿蒙神庙

图2－44　卡拉克阿蒙神庙

上流阶层用砖建造住宅，平民凿洞为居室，用树枝涂泥为墙；民间住宅墙面上有局部彩绘壁画、图案装饰，色彩鲜艳，装饰性较强。王坟墓室室内四壁和天花大多布满壁画和图案装饰，室内装饰较为华丽（见图2－45、图2－46）。墓葬品中有大量的家具出土，品种有扶手椅、折叠椅凳、床、桌、台等。大多在椅的靠背、扶手、腿部施以彩色雕饰和镶嵌金银。家具的腿部多采用兽爪（狮子、雄牛爪、鹰爪、鸟嘴）造型，构造采用木条、木筋的连接方法，并已有榫、楔等做法，工艺精美，反映了古埃及木工技术水平的高超。

图 2-45 古埃及壁画

图 2-46 古埃及壁画

## 2.3.2 印度传统建筑装饰

印度河和恒河流域，早在公元前3000多年就有了相当发达的文化，这里有人类历史上最早的城市建设。

印度是具有悠久文化历史和佛教盛行的国家，在古代非常闭塞，人们深陷在宗教信仰之中，用砖和石材建造了大量的佛教和婆罗门教的建筑。土生土长的建筑和装饰风格，非常独特。封建社会的后半期，印度建筑因外来的影响发生了巨大的变化。11～12世纪，中亚和阿富汗来的伊斯兰教徒在印度北部建立了几个王国。15世纪末，又一支从中亚来的伊斯兰教徒统一了印度的大部分地区。从此，印度文化在各方面都穆斯林化了。

图 2-47 印度传统建筑装饰

印度的古典传统风格样式反映在佛教建筑遗址、石窟寺庙多种多样的室内空间组合中，擅长利用精雕细刻的装饰和多波折圆拱形列柱来分隔空间。印度的室内装饰与建筑一样，具有鲜明的民族特色和地域特征。壁面上常饰有姿态丰满、生动的浮雕、圆雕和有繁复华丽图案纹样的壁画。印度装饰风格华丽浓重，造型生动，色彩绚丽，室内装饰用纺织品大量使用红、橘红、橘黄、酒红、黄等浓烈鲜明的暖色，其图案变形及设色具有极高艺术水平。用于民间民居的室内装饰生动活泼，造型及色彩都富有情趣。传统的室内陈设艺术以低床榻坐卧样式为主，在居室的各个部位装点陈设艺术品。印度的民间艺术品、装饰织物种类繁多，手工工艺技术高超，色质华丽，用以装饰室内更增添其富丽的效果。

图 2 -47 ~ 图 2 -49 为印度传统建筑装饰。

**图 2 -48　印度传统建筑装饰**

**图 2 -49　印度传统建筑装饰**

### 2.3.3　日本传统建筑装饰

日本的古代文化受到中国文化全面、深刻的影响。公元 6 世纪中叶，佛教自中国传入日本，同时也带去了中国传统的建筑技术与艺术。日本奈良时代的房屋明显可见受中国建筑的影响，其寺庙建筑完全是唐代样式。这时，日本一方面模仿中国建筑样式，另一方面将其与自己固有的文化加以融合，逐渐创造出具有自己特色的“和式建筑”及“唐式建筑”，同时在居住建筑中逐渐形成了“寝殿造”、“书院造”等一些日本化的型制和“草庵风茶室”、“数寄屋”等一些具有浓厚日本格调的建筑类型。

日本的建筑历史大致可分为三个发展阶段：早期——公元 6 世纪中叶至 12 世纪，即飞鸟、奈良、平安时代的建筑；中期——公元 12 世纪末至 16 世纪中叶，即镰仓、室町时代的建筑；近期——公元 16 世纪中叶至 19 世纪中叶，即桃山、江户时代的建筑。而日本和式住宅的沿革大致经历了寝殿造、书院造、茶室、数寄屋等阶段。

寝殿造样式形成于平安朝代后期，是仿效中国宫殿式建筑的住宅，其有寝所的内部空间除涂笼（泥墙小屋）外没有明确的区分，只在有活动时用屏风、帘帷等加以划分。而配置的必要的室内用品，则称之为“室礼”、“铺设”，榻榻米也仅在必要的场所铺设。

书院造样式在日本古代室町时代遗存的文物资料中已可见到，该样式的确立发展是在日本近世时期。地上铺满榻榻米，顶棚被装修，有角柱、高低隔板与书院的固定建筑样式，这就是书院造建筑。“书院造”往往在一栋住宅的若干房间内择其一间，作坡屋书房并进行装饰，以适应僧人与武士的生活方式，其室内地板稍高于其他房间，并有香炉、烛台、花瓶成对地陈设在地板上。

日本的中世时期，茶由中国传入日本，到了近代，饮茶、品茶逐渐变成习惯，并在禅师倡导的品茶与斗茶下形成茶道，成为日本人审美观的一种特有的综合艺术。茶室遂兴起，其间又以草庵风茶室最为流行。草庵风茶室往往采用民居的泥墙草顶、落地格窗，并在周围设一个面积很小的高度写意的茶庭，将竹篱笆、“役石”（即步石）、石洗手盆（或涌泉、水井）、石灯笼（常以茶室主人的名字命名）等布置成淡雅、简朴的环境，还在通往茶室的路上种植树木，以茶道“和、静、清、寂”的精神为旨趣，意在陶冶情操，启迪性灵。

数寄屋样式，则是一种平台规整、讲究实用的日本田园式住宅，是取茶室风格的意匠与书院式住宅加以融合的产物，常用“数寄”分割空间，习惯于将木质构件涂刷成黝黑色，并在障壁上绘水墨画，意境古朴高雅。供日本天皇家族使用的京都桂离宫是古代数寄屋的杰作，其建筑与庭园一体化，突出地表现出日本传统的建筑样式与幽雅美，是数寄屋式建筑的传世经典之作（见图2－50、图2－51、图2－52）。京都桂离宫是日本古代数寄屋的杰作，有着中世纪的简朴风格，其建筑和装饰线条严整、简洁，色彩豪华富丽。与庭院协调的造型技法是日本住宅继承发展到今天的营造基础，数寄屋式的传统仍强烈地反映在当今的日本住宅建筑风格上。书院造与数寄屋相互影响、相互渗透并趋于结合，逐步演变成日本近现代和式住宅。

**图2－50　京都桂离宫外观**

日本建筑通常都非常简单，室内风格也是如此，但室内的细部设计却是颇费心机。在非常有限的空间里，细节的变化极其丰富而复杂。和式住宅的设计，源自传统的日式住宅，因此它的地板、支柱、壁面和门的大小，都有平衡的比例。典型的和式住宅，地上铺满榻榻米，采取跪坐姿势较多，房中家具较少，移动方便，所以能随时可改变其用途。地面、墙壁、天花板也采用木材、竹材等天然材料，让人有回归自然的亲切感。室内装饰简洁、变化不多，色彩较单纯，多以浅木本色。和式住宅中常把实用性的家具、陈设都布置于室内的中央，使自由空间的感觉得到更充分的体现（见图2－53、图2－54）。

图 2－51 京都桂离宫建筑及庭院局部图

图 2－52 京都桂离宫室内

图 2－53 日本居室场景

图 2－54 日本居室场景

## 2.3.4 伊斯兰传统建筑装饰

根据伊斯兰教教义，伊斯兰教是由“先知”穆罕默德创建的，穆罕默德生于阿拉伯半岛的麦加城，以麦加为传教中心，《古兰经》是伊斯兰教的最高法典。伊斯兰建筑以其优雅含蓄的艺术风格赢得了世人的赞誉。

清真寺是成就最为突出的伊斯兰建筑之一。一般来说，清真寺以连续的外墙构成封闭的内院，四角立高塔，院墙中设有载着饱满穹顶的殿堂，殿堂面朝麦加方向为正堂。堂外立一面高高的矩形墙体，开着一扇门，两门穹隆上密布钟乳体的装饰，呈繁丽而清雅的艺术效果。清真寺的院内、外景色都很壮观，一座座圆浑而又尖起的穹顶在众多的高如云端的尖塔簇拥下交相辉映，形成一种跃跃欲起的升腾之势。清真寺的装饰在世界建筑中独树一帜，它的繁丽而清雅的艺术效果令世人倾倒。伊斯兰建筑装饰有两大特点：一是券和穹顶的多种花式，二是大面积表面图案装饰。券的形式有双圆心尖券、马蹄形券、火焰式券及花瓣形券等。室外墙面主要用花式砌筑进行装饰，后又陆续出现了平浮雕式彩绘和琉璃砖装饰。室内用石膏作大面积浮雕，涂绘装饰以深蓝、浅蓝两色为主（见图 2－55、图 2－56）。

**图 2－55 伊什达城门**

**图 2－56 伊什达城门**

早期的伊斯兰建筑主要采用不同色泽的砖作横、竖、斜向或凹凸的花纹砌成装饰，在局部嵌入石刻浮雕；盛期逐渐发展为以彩色琉璃或小镜片作镶嵌，并发展到“铺天盖地”，由穹顶到墙面，由门院到塔楼无一处不作装饰。其图案依照伊斯兰教规，只用植物纹、几何纹或文字纹，这些图案生动活泼、千变万化、绚丽多彩、幻妙无穷。

图 2－57 和图 2－58 为伊斯兰传统风格的建筑与室内装饰。

图2-57 伊斯兰风格样式——摩洛哥伊斯兰寺院

图2-58 伊斯兰风格样式——摩洛哥某旅馆

## 2.4 现代建筑装饰风格与流派

从美学观点来看，室内设计流派与建筑设计流派在很大程度上是一致的，在表现形式和表现手法上也有许多相近之处。

### 2.4.1 国际式风格

国际式风格伴随现代建筑中的功能主义及其机器美学理论应运而生。其代表人物为密斯·凡德罗、瓦尔特·格罗皮乌斯、勒·柯布西耶等。他们注重建筑功能和建筑工业化的特点，反对古典主义虚伪的装饰。瓦尔特·格罗皮乌斯强调工业化对建筑的影响，讲求功能，大量采用装配式结构，建筑立面简洁，屋顶平整，采用大片玻璃窗。勒·柯布西耶提出了著名的“建筑是居住的机器”的观点。密斯·凡德罗提出强调建筑设计与技术的精美及注意空间流动变换等论点。

国际式现代建筑装饰风格的特征可以归纳为以下几点：

（1）建筑及室内装饰背叛了古典主义的繁琐桎梏，以平屋顶、平整无饰的墙面或玻璃幕墙（或条形玻璃窗）为建筑语言；室内陈设以简洁、适用的工业产品家具和日用品为主。

（2）室内空间开放，内外通透，称为流动的空间，为不受承重墙限制的自由平面设计。

（3）室内墙面、地面、天花板以及家具、陈设、绘画、雕塑乃至灯具、器皿等，均以简洁的造型、纯洁的质地、精细的工艺为其特色。

（4）尽可能不用装饰和取消多余的东西，认为任何复杂的设计、没有实用价值的特殊部件及任何装饰都会增加建筑造价，强调形式应更多地服务于功能。

（5）建筑及室内部件尽可能使用标准部件，门窗尺寸根据模数系统设计。

国际式现代装饰风格的缺点是千篇一律，表情冷漠，缺少人情味，在以后受到许多的非议。但是，在这个时期，也同时出现了像赖特那样的建筑大师，他在注重功能的同时，也注重与自然的结合及人情味，注重细部细腻的表现。

图 2－59 和图 2－60 为国际式风格室内装饰。

**图 2－59 柏林新国家美术馆**

**图 2－60 巴塞罗纳国际博览会德国馆**

## 2.4.2 高技派风格

高技派或称重技派，突出当代工业技术成就，并在建筑形体和室内环境设计中加以炫耀，崇尚“机械美”，在室内暴露梁板、网架等结构构件以及风管、线缆等各种设备和管道，强调工艺技术与时代感。高技派典型的实例为法国巴黎蓬皮杜国家艺术与文化中心、中国香港汇丰银行等。

巴黎的蓬皮杜国家艺术与文化中心是高技派的典型代表作品（见图 2－61～图 2－64）。香港汇丰银行的室内设计是一个纯机械的内部空间，由于它暴露了所有的内部结构，显现着自动扶梯内部机械装置的转动，层层楼板也都是透明的，香港的一些群众称之为“看得见肚肠的建筑”（见图 2－65、图 2－66）。

高技派是随着科技的不断发展而发展的，强调运用新技术手段反映室内装修装饰新的工业化风格，其富于时代情感和个性的美学效果的设计是具有生命力的。

图 2-61　巴黎蓬皮杜艺术与文化中心

图 2-62　巴黎蓬皮杜艺术与文化中心

图 2-63　巴黎蓬皮杜艺术与文化中心

图 2-64　巴黎蓬皮杜艺术与文化中心

### 2.4.3　后现代主义风格

后现代主义一词最早出现在西班牙作家德·奥尼斯 1934 年的《西班牙与西班牙语类诗选》一书中，用来描述现代主义内部发生的逆动，特别有一种现代主义纯理性的逆反心理，即为后现代风格。

图 2-65 香港汇丰银行

图 2-66 香港汇丰银行

20 世纪 50 年代美国在所谓现代主义衰落的情况下，逐渐形成后现代主义的文化思潮。受 20 世纪 60 年代兴起的大众艺术的影响，后现代风格是对现代风格中纯理性主义倾向的批判，后现代风格强调建筑及室内装潢应具有历史的延续性，但又不拘泥于传统的逻辑思维方式，探索创新造型手法，讲究人情味，常在室内设置夸张、变形的柱式和断裂的拱券，或把古典构件的抽象形式以新的手法组合在一起，即采用非传统的混合、叠加、错位、裂变等手法和象征、隐喻等手段，以期创造一种融感性与理性、集传统与现代、揉大众与行家于一体的即“亦此亦彼”的建筑形象与室内环境。对后现代风格不能仅仅以所看到的视觉形象来评价，需要透过形象从设计思想来分析。

图 2-67 ~ 图 2-70 为后现代风格室内装饰。

图 2-67

图 2-68

图 2－69

图 2－70

## 2.4.4 解构主义风格

解构主义是 20 世纪 60 年代，以法国哲学家雅克·德里达为代表所提出的哲学观念，是对 20 世纪前期欧美盛行的结构主义和理论思想传统的质疑和批判。建筑和室内设计中的解构主义派对传统古典、构图规律等均采取否定的态度，强调不受历史文化和传统理性的约束，是一种貌似结构构成解体，突破传统形式构图，用材粗放的流派。

解构主义用分解的观念，强调打碎、叠加、重组，对传统的功能与形式的对立统一关系转向两者叠加、交叉与并列，用分解和组合的形式表现时间的非延续性。设计作品往往给人们以意料之外的刺激和感受。

图 2－71 和图 2－72 为解构主义风格建筑和室内设计。

图 2－71　洛杉矶迪斯尼音乐厅

图 2－72　拉维来特公园

## 2.4.5 新古典主义风格

新古典主义派是致力于在设计中运用传统美学法则以使现代材料与结构的建筑造型和室内造型产生出规整、端庄、典雅、有高贵感的一种设计潮流，它反映了世界进入后工业化时代的现代人们的怀旧情绪和传统情绪。

新古典主义派的设计作品因其创造出典雅、端庄的室内环境效果而受到人们的欢迎和肯定，特别为上流社会所接受。

图 2－73 和图 2－74 为新古典主义风格室内设计。

**图 2－73**

**图 2－74**

## 2.4.6 白色派风格

在室内设计中大量运用白色，构成了这种流派的基调，故名白色派。室内造型设计可简洁也可富于变化。

白色派的室内朴实无华，室内各界面以致家具等常以白色为基调，简洁明确，例如美国建筑师理查德·迈耶设计的史密斯住宅及其室内即属此例。理查德·迈耶白色派的室内，并不仅仅停留在简化装饰、选用白色等表面处理上，而是具有更为深层的构思内涵，设计师在室内环境设计时，综合考虑了室内活动着的人以及透过门窗可见的变化着的室外景物，由此，从某种意义上讲，室内环境只是一种活动场所的“背景”，从而在装饰造型和用色上不作过多渲染。

图 2 - 75 ~ 图 2 - 77 为白色派风格室内设计。

图 2 - 75

图 2 - 76

图 2 - 77

图 2 - 78

## 2.4.7 超现实主义风格

超现实派追求所谓超越现实的艺术效果，在室内布置中常采用异常的空间组织，曲面或具有流动弧形线型的界面，浓重的色彩，变幻莫测的光影，造型奇特的家具与设备，有时还以现代绘画或雕塑来烘托超现实的室内环境气氛（见图 2 - 78 ~ 图2 - 80）。超现实派的室内环境较为适用于具有视觉形象特殊要求的某些展示或娱乐的室内空间。

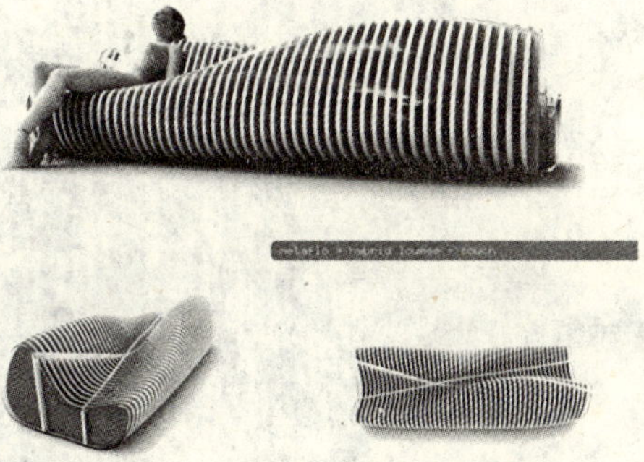

图 2 – 79

图 2 – 80

超现实派的室内设计手法猎奇、大胆，因而产生出人意料的室内空间效果（见图2 – 81）。该流派的设计师们还常常在室内运用现代派绘画、现代派雕塑等陈设艺术品来渲染室内气氛，也喜欢用兽皮、树皮等作为室内点缀装饰品。

图 2 – 81

### 2.4.8 超级平面美术风格

1966 年美国耶鲁大学以建筑系主任查尔斯·摩尔为首的设计小组在郊区设计建造了希拉基别墅，室内墙面大胆地采用强烈色彩和画上印刷平面美术般的图案，创造出城市外景般的室内气氛，从而与旷野的郊外环境形成鲜明对比。不久，这种涂饰做法传播到其他建筑物和构筑物上并得以发展，商业建筑也利用这一手法把外观涂饰成巨大的广告，或把建筑本身设计成象形的造型，使那些行驶在高速道路上汽车内的人可以一眼辨认出商店的性质，巨大化的标志信号也从此盛行起来。这种手法脱离了根据印刷复制机械所限定的印刷世界的范畴，把需要的美术图像二倍、十倍、百倍地巨大化、外表化、社会化，走向空间，走向环境，展现了一种全新的环境艺术现象（见图 2 – 82、图 2 – 83）。

超级平面美术的室内设计中，把外景引入室内并大胆地运用色彩，其色彩之浓重有时远远地超过了人们过去习惯上可以接受的程度。由于色彩丰富、色块图形变化自由，又可以与照明巧妙地结合起来，包括了霓虹灯在室内的运用，因此，超级平面美术设计使室内具有通透变化的空间效果。

超级平面美术用新旧连续的被称为“保存型”的新观念进行城市、建筑、室内改造，即采用包含“更新”意义的设计手法进行环境改造，具有可简便和快速改变场所面貌的特点，很少的投资可以使建筑功能恢复或通过改换用途使旧的建筑和室内具有新的价值。

图 2－82 超级平面美术风格的建筑外立面

图 2－83 超级平面美术风格的建筑外立面

## 小 结

1. 中国传统建筑装饰的发展状况：商周的木结构的装饰，春秋战国时期的彩绘装饰，春秋战国时期的斗拱，秦汉时期的壁画、画像砖、画像石和瓦当装饰，魏晋南北朝时期的墙、柱及斗拱涂饰，隋唐时期的壁画装饰，宋元时期的梁架装饰，明清时期的琉璃瓦、砖雕、室内陈设与家具。

2. 西方传统建筑装饰各时期的风格：古希腊建筑装饰风格、古罗马建筑装饰风格、拜占庭建筑装饰风格、哥特式建筑装饰风格、欧洲文艺复兴建筑装饰风格、欧洲巴洛克建筑装饰风格、欧洲洛可可建筑装饰风格、法国古典主义建筑装饰风格、欧洲新艺术运动建筑装饰风格、欧洲新古典主义建筑装饰风格等。

3. 现代建筑装饰的主要流派：国际式风格、高技派风格、后现代主义风格、解构主义风格、新古典主义风格、白色派风格、超现实主义风格、超级平面美术风格等。

## 思考题

2－1　试述中国各历史时期建筑装饰的风格与主要特征。

2－2　试述西方各历史时期建筑装饰的风格与主要特征。

2－3　试述现代建筑装饰风格与流派的主要特征。

**进一步阅读推荐书目**

张绮曼．室内设计的风格样式与流派．2 版．北京：中国建筑工业出版社，2006.
郭承波．中外室内设计简史．1 版．北京：机械工业出版社，2007.
来增祥，陆震纬．室内设计原理．北京：中国建筑工业出版社，2006.
陈志华．外国建筑史．3 版．北京：中国建筑工业出版社，2004.
潘谷西．中国建筑史．5 版．北京：中国建筑工业出版社，2004.

# 3 建筑装饰空间构成元素

**学习目标**

1. 掌握点、线、面、体的特质。
2. 理解点、线、面、体在建筑装饰设计中的综合设计与运用。
3. 掌握建筑装饰设计的形式美法则。
4. 了解建筑装饰材料的质感肌理和色彩。

**学习重点**

1. 点、线、面、体要素在建筑装饰设计中的综合设计与运用。
2. 建筑装饰空间的比例与尺度、对称与均衡 、对比与统一 、节奏与韵律。
3. 建筑装饰材料的质感肌理、色彩。

## 3.1 点线面体的特质

建筑装饰设计看起来千变万化，这千姿百态的形态是怎样形成的呢？其实貌似复杂的建筑装饰设计可以分解为集中反映形态典型特征的基本形：点、线、面、体（见图3-1）。任何复杂的形态都可以分解成简单的基本形，由点到线，线构成面，面组成体，分割组成形形色色的空间。

本章将学习建筑装饰空间的构成元素，从基本造型规律和视觉认知规律出发，学习视觉语言和艺术造型的共性，即形式美法则。设计者在从事建筑装饰设计之前先学习构成，其目的是培养设计者的创造力和基础造型能力，有助于掌握设计的基本规律，研究和探讨设计的思维方法与表现形式，把建筑装饰形态的认识提升到理性思维的轨道上，为建筑装饰空间设计奠定基础。

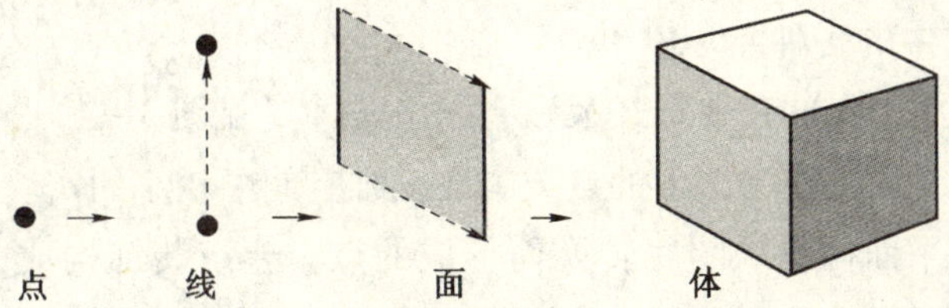


图3-1 基本形：点、线、面、体

基本要素之间的关系复杂多变，下面将讨论一些最基本的点、线、面、体的情况。

## 3.1.1 点的特质

**1. 点的概念**

点是一切物体形态的基础。点是最简洁的形态，是最小的构成单位。点是一种表达空间位置的视觉单位，不管它的大小、厚度、形状怎样，只要它同周围其他形态相比具有凝聚视线和表达空间位置的特性，是最小的视觉单位，就可以称之为“点”。点存在于线段的两端、线的转折处、三角形的角端、圆锥形的角顶、一个范围的中心等。当点与建筑装饰设计相结合时，点不是只有位置而没有大小的抽象数学概念，它有具体的形状、大小（面积、体积）、色彩和肌理。

**2. 点的心理感受特征**

点在视觉感受中具有凝聚视线的特性，所以“点”的造型很容易导致视觉凝聚，吸引人的视线。当点处于某个范围的中心时，有稳定感、静止感。一点所具有的紧张性是求心的，人的视线就集中在这个点上。但是当点偏移中心位置时，点就变得有动感、方向感。这是由于实际范围的中心和偏移的点之间产生了视觉的紧张感所致。聚集的点和分散的点给人的视觉感受是不同的。当点与点之间的距离趋小，就越接近线和面的特性（见图3-2）。点的连续排列可以形成虚线，点的密集排列可以形成虚面与虚体。虽然没有实线、实面、实体那样具有具体、结实和厚重的感觉，但虚线、虚面、虚体所具有的空灵、韵律、通透的特殊感觉也是实线、实面、实体所不具备的。

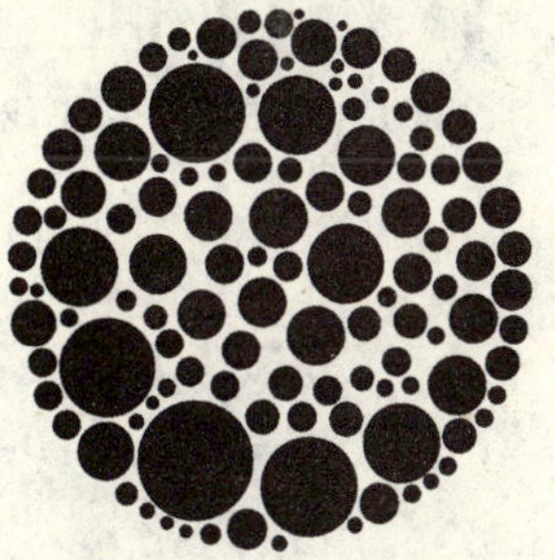

图3-2 点的密集排列可以形成虚面

如果两个同样性质的点同时存在于视野中，人的视线就会往返于两点之间，形成一段心理上无形的线；如果视线在平面上的不成一线的三点之间往返，就会在心理上虚构出三角形状（见图3-3）；如果有无数个同样性质的点存在，就会在心理上形成虚面的感觉，例如繁星闪烁的夜空给人以整体虚面的感觉。

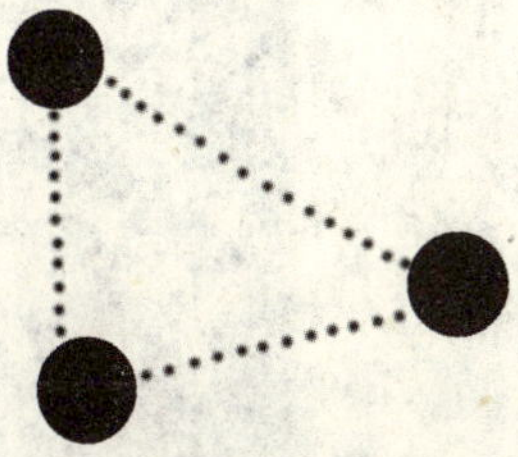

图3-3 不成一线的三点，在心理上虚构成三角形状

**3. 建筑装饰设计中的各种点**

在建筑装饰设计中，点的存在形式大致有以下几种（见图3-4)：①实的点——相对虚的点而言。建筑装饰平面中作为图形的点或者在三维空间中较小的实块都是实点（见图3-5)。②虚的点——指平面构成的图底转换而形成的点。建筑装饰构成中实块之间的虚空面积较小时，那些虚空也能看成是虚点。③线化的点——距离较近的点，呈线状排列时，间隔之间似乎有了引力，点的感觉弱化，变成了线的感觉。④面化的点——一定数量的点在一定范围内密布就具有面的感觉（见图3-6)。

建筑装饰空间的点的因素（例如灯具、通风口、门窗、局部装饰、壁挂、书画及墙纸上的图案等，见图3-7）应作为整体设计中的一部分来综合考虑。

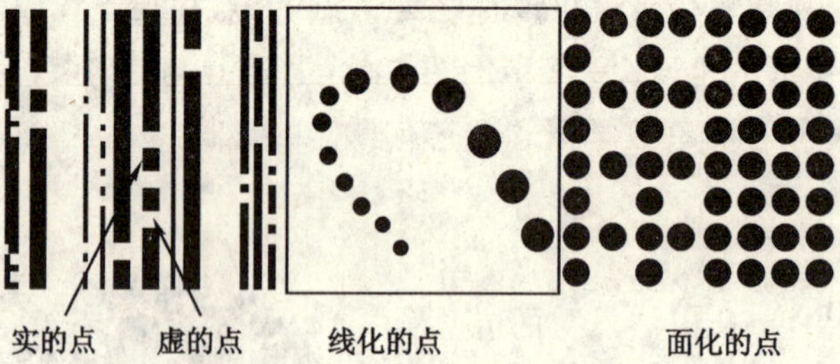


**图3-4　点存在的形式**

**图3-5　灯具形成的实点**

**图3-6　面化的点**

**图3-7　小面积画框也可以看成点**

## 3.1.2 线的特质

**1. 线的概念**

线由点的运动轨迹形成，线的最基本形状有直线、曲线和折线等。线是点在空间延伸的轨迹，它没有粗细之分，长度和方向是其最明显的特征。线与面、体的区别是由其相对的比例关系决定的。任何形的长宽之比较大时，都可以视为线，例如钢索、铁轨、发丝、筷子都给人以线的感受。

**2. 线的心理感受特征**

线，由于其形状、位置和方向的不同，会给人带来不同的心理感受，如图 3 - 8 所示。形状粗的线给人以刚强有力的感觉，而细线会给人以纤小、柔弱的感觉；直线给人以坚实有力的感觉，而曲线会给人以一种感性、优雅的感受；光滑的线条给人以细腻、温柔的感觉，而粗糙的线条会给人以粗犷、古朴的感觉。直线的方向在人的视觉感受方面会起到较大的作用：垂直线给人以重力感、平衡感；水平线给人以稳定感；斜线给人以运动感，一根斜线给人以倒下、不稳定的感觉，而两根斜线相交，会产生像塔般的稳定感。不同形状的曲线会有不同的视觉效果：自由的曲线给人以强烈的运动感，而半圆曲线比自由曲线的封闭感更强，圆圈则给人以稳定感。线的作用无处不在，线条的表现能力极强，在墙面上的垂直线可以加强空间的高度感，而在地面上的线条可以起导向的作用。

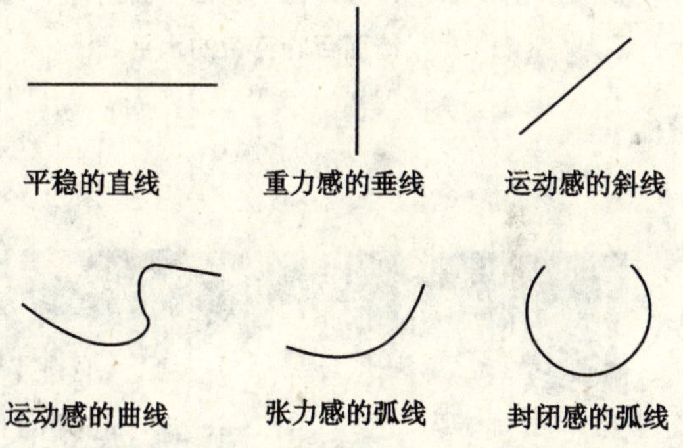


图 3 - 8　不同的线给人的心理感受

**3. 建筑装饰设计中的各种线**

在建筑装饰设计中，线的存在形式有很多种（见图 3 - 9 ~ 图 3 - 14）：①实线——平面和立体中实在的线。如空间中的各类线脚、踢脚线、挂镜线、分割线、墙腰线、油漆线、色彩线和各种装饰线。②虚线——存在于两面的交接处、立体形的转折处、两种颜色的交界处、图形之间线状的空隙处等。③光影线——光和影形成的线。由于光影线通常随时间变化，因而更加生动。④面化的线——线沿着一定轨迹运动则形成面，也就是大量的线密集排列而形成了面的感觉。⑤体化的线——在建筑装饰设计空间里，一定数量的线排列或围合成体状，具有体的感觉。

图 3-9 顶棚装饰中的自由曲线；墙面百叶窗帘的水平线

图 3-10 墙面装饰中的直线和交叉线

图 3-11 地面铺装形成的韵律感曲线

图 3-12 墙面装饰中的水平线和折线

### 3.1.3 面的特质

面可由线的移动轨迹形成，也可由点的面积不断扩大而获得。面具有轻薄感和延伸性。面可以是二维的，也可以是三维的（当体较薄时就可被看成是面）。面可视为线移动的轨迹，也可视为围合体的界面。

图 3－13 装饰设计中的水平线和垂直线

图 3－14 墙面装饰设计中的光影线

**1. 面的概念**

面有 3 种基本的形：正方形、三角形和圆形。正方形的特征是表达垂直和水平；三角形的特征是表达角度和交叉；圆形的特征是表达曲线和循环。由此派生出来的长方形、多边形、椭圆形等都离不开上述 3 种基本形的特点。面在二维的空间里具有位置、长度、宽度，但无厚度，常以几何图形的形式出现，具有明确理性的形象特征。

**2. 面的心理感受特征**

面给人的主要感受是延伸感和力度感，曲面还给人以紧张感和动感。利用数学法则、定律构成的形称为“几何形”面，它给以人明确、理智、秩序的感觉（见图 3－15）。有机形的不规则面是一种不能用几何方法求出的曲面，它富于流动与变化，同时不违背自然规律和秩序，给人以舒畅、和谐、自然、古朴的感觉。比例、形状、颜色、质感等要素是影响面给人的心理感受的重要因素。例如，两个相同面积的面，浅色的面显得比较轻盈，深色的面显得更为凝重，如图 3－16 所示。

图 3－15 顶棚装饰设计中的面

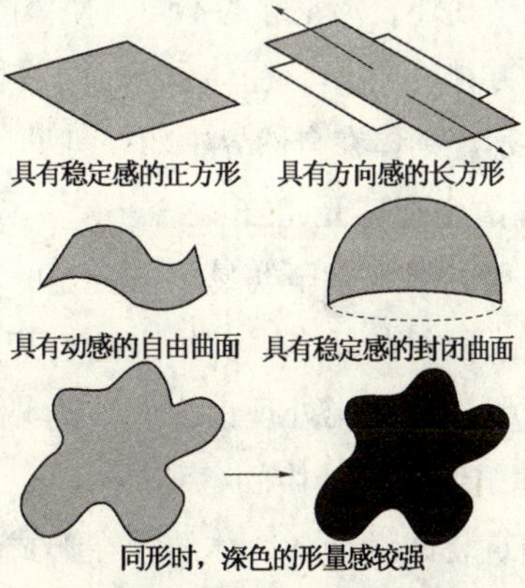


图 3－16 面给人的心理感受

**3. 建筑装饰设计中的各种面**

在实际装饰设计中，地面、墙面和天棚的设计，就是对面的设计。

面的存在形式大致有以下几种：①实面——二维平面和三维空间中实在的面。例如墙面设计中，设计师需要考虑墙面是否开洞，是否完整，是否需要有起伏，墙面点、线、面的综合运用，色彩、材料肌理的变化等。另外建筑装饰中的面还包括空间内装饰材料、灯具、画框、家具陈设等的设计。②虚面——二维的面和一定体块的“底”经过图底反转可视为虚面(见图3－17、图3－18)。③线化的面——当面的长宽比较大时，面就转化成线。④体化的面——由各种面围合或排列就能形成体的感觉。

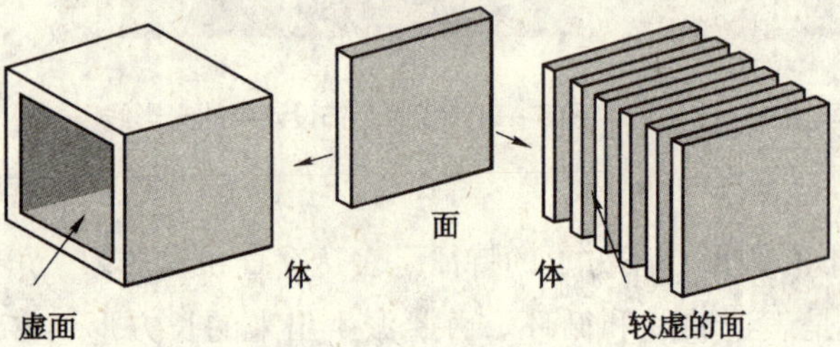


图3－17　虚面

图3－18　建筑装饰设计中的虚面

## 3.1.4　体的特质

**1. 体的概念**

体由面的运动轨迹或围合形成，在三维空间里具有长度、深度、宽度3个度量的形态，给人更多的空间想象力。将体的形态对应于二维的点、线、面，可划分为块体、线体、面体，这是由于体的长、宽、高的比例不同带给人不同的感受所致。人们日常接触的多数物体都是体块状的，由于其外表及轮廓的不同，使体的形态千变万化，原则上可分为规则体和不规则体。规则体有正方体、锥体、柱体和球体，具有稳重、端庄、永恒的视觉感受（见图3－19、图3－20)；不规则体在自然界中随处可见，如山石、卵石等，具有亲切、自然和温情的感觉。

**2. 体的心理感受特征**

体一般会给人以坚实感、安定感、稳重感，但是随着体的长宽高之比不同而呈现出块材、线材、面材的状态，其给人的心理感受也分别呈现出点、线、面的特征。同时，体表面的颜色、肌理等不同处理也会使人的心理感受发生变化。

**3. 建筑装饰设计中的各种体**

在建筑装饰设计中，体的存在形式大致有以下几种：

（1）点立体

当体的形态能产生空间视觉凝聚力的那类形体称为点立体。即体的长、宽、高比例大致相当，并且与周围的环境相比较小时，体就被视为点，如建筑装饰空间中的灯泡、烟感器、珠子等。点立体具有玲珑活泼、凝聚视觉的心理效果。众多的“点”堆积在一起，根据点与点之间紧密度的不同，构成了虚实感不同的体块（见图3－21、图3－22）。

**图3－19　长方体块柜子的稳重、端庄的视觉感受**

**图3－20　球体灯具的稳重、永恒的视觉感受**

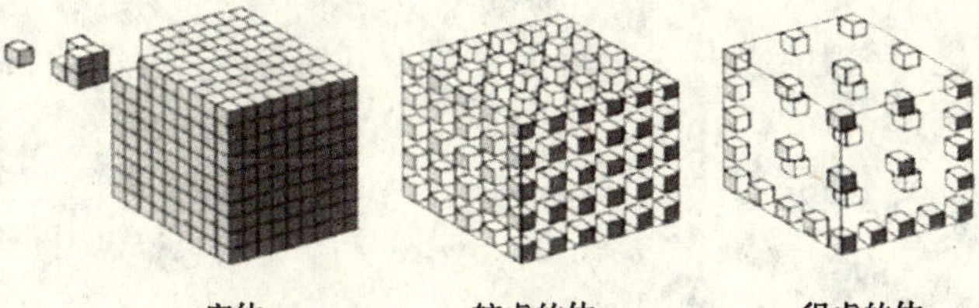


**图3－21　虚实感不同的体**

**图3－22　顶棚灯具即点立体构成的虚体**

（2）线立体

能产生空间长度的形体，称为线立体。即当体形态又细又长时可视为线体，如楼梯扶手、长窗台、屋顶的梁等（见图3－23）。线立体具有穿透性和富有深度，通过直线、曲线以及线的软硬可产生或虚或实、或开或闭的效果。大量的线体集中时也能变成体，例如建筑装饰的束柱的处理就是如此。

（3）面立体

在空间中能产生平面感受的形体，称为面立体。即体的形状较扁时，就可以视为面，如镜面、壁柜等（见图3－24）。

**图3－23 挡板和扶手构成线立体**

**图3－24 墙面装饰设计中的画框、镜面可以看成面立体**

（4）块立体

具有质量、体积的形态在三维空间构成完全封闭的立体，称为块立体，如石块、建筑物等。块立体能给人以厚实、浑重的心理感受。

（5）半立体

以平面为基础，将其部分空间立体化，称为半立体，如墙面浮雕等。半立体具有凹凸层次感和光影变化效果。

点、线、面及其相互转化关系，参见图3－25。

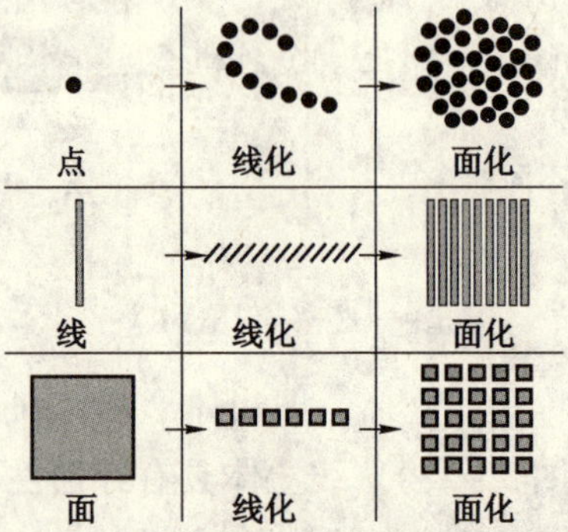


**图3－25 二维的点、线、面及其相互转化**

### 3.1.5 点、线、面、体在建筑装饰设计中的综合运用

在艺术设计中的点、线、面和体都是相对于画面中或空间内其他事物的造型因素而言的。在建筑装饰设计中，没有绝对的点、线、面、体，只有根据环境而确定的相对关系。

建筑装饰设计中，因为点、线、面、体的运用，给装饰的环境赋予了生命力，并且由于它们相互之间的转化，造就了丰富的形态关系。例如，一个点经过排列成为一条线，再经过阵列成为面，等等。在实际生活中，尤其在建筑装饰设计中，人们经常运用这些原理。把握了它们之间的关系，对形态有了基本认识，就能够熟练地运用它们之间的基本关系去处理许多形体问题，从而对形态构成的理解就上了一个台阶。因此，点、线、面和体的合理运用和搭配能帮助设计者在建筑装饰环境设计中塑造出完美造型（见图3－26、图3－27）。

图3－26 点、线、面、体综合运用

图3－27 点、线、面、体综合运用

## 3.2 建筑装饰设计形式美法则

设计师主要通过造型设计来创造建筑装饰空间的形式美。那么建筑装饰空间的美有哪些规律和法则？设计师是怎样通过设计创造出形式美的？

### 3.2.1 建筑装饰空间的比例与尺度

**1. 比　例**

著名的神学家、哲学家圣·奥古斯丁说：“美是各部分的适当比例，再加一种悦目的颜色。”可见比例的重要性。比例是指部分与部分，或部分与整体之间的数量关系。比例是推

敲建筑装饰空间形体整体和局部的量度。

怎样的比例是和谐优美的呢？一般来说，比例越简单、越实用就越容易被人们接受。具有简单的比例关系的形态往往是优美的，经得起历史的检验。圆形、正方形、正三角形等是具有确定数量制约关系的几何形状，可以当成判别比例关系的标准和尺度。例如许多西方古典建筑的外观符合圆形、正三角等几何形状。至于长方形，经过长期的探索发现，长宽比为 1∶0.618 = 1.618 的长方形最为理想。这就是模数比例中经典的“黄金分割”比例。

自古希腊以来，人们认为黄金分割是分割线段时最优美、最令人赏心悦目的分割比例，黄金分割也就被视为最美丽的几何学比率。1.618 在自然界的构成中也起着奇妙的作用。植物、动物甚至人类都具有与这个比率的惊人的符合。人体中肩膀到指尖的距离，除以肘关节到指尖的距离，得到 1.618。人体中从臀部到地面的距离除以膝盖到地面的距离，又可以得到 1.618。生活中的电视机屏幕、写字台面、书籍、门窗等，其短边与长边之比大多为 0.618，甚至连火柴盒、明信片、国旗等物体中的长宽比例都充满了黄金分割。在艺术创作中，黄金分割也有极其重要的地位，米开朗基罗、阿尔布莱希特·丢勒、达·芬奇等艺术家在设计创作其作品时，都有意识地、严格地遵循了黄金分割比率。在建筑设计中，古埃及的金字塔、古希腊的巴特农神殿，甚至纽约联合国大楼在设计中也都运用了黄金分割率（见图3－28、图 3－29）。

**图 3－28　符合黄金分割比例的巴特农神殿**

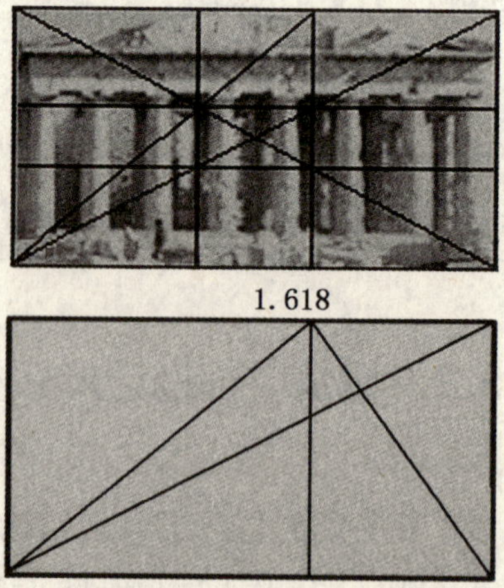


**图 3－29　对巴特农神殿所作的立面几何分析**

此外，相同比率也可以创造出和谐比例。例如，若干毗邻的矩形，如果它们的对角线互相平行或垂直，就是说它们是具有相同比率的相似形，一般可以产生和谐的关系。同这种情况相似的还有长宽比为 $1:\sqrt{2}$，$1:\sqrt{3}$，$1:\sqrt{5}$ 的长方形。通过对古希腊神庙的分析，发现许多部分都符合这种比率关系。

优美的建筑装饰环境中处处有比例，人的身高与空间高度有比例，门的高度与宽度也有比例等。建筑装饰设计中的比例，只有从生理、心理上充分考虑人的需要，符合人的审美要求，才能创造出令人愉悦的氛围。初学建筑装饰设计不妨就用1∶0.618，1∶$\sqrt{2}$，1∶$\sqrt{3}$这样的比例来划分设计空间。例如，墙体、窗户的长宽比例就可以运用“黄金分割”原理。优秀的建筑装饰设计，不仅细小的单元达到完美的比例关系，而且相对独立的各个次要部分之间的相互比例关系也臻于完美，并能与整体之间的比例关系协调。

**2. 尺　度**

与比例相联系的概念是尺度。比例主要表现为整体或部分之间长短、高低、宽窄等关系，比例是理性的、具体的，是相对的。而尺度是平面或者空间中的物与人（或其他易识别的不变要素）之间相比较而给人的主观感受，因此尺度是感性的、抽象的。尺度和尺寸也有微妙的区别，尺度一般不是指建筑物或要素的真实尺寸，而是表达一种关系及其给人的心理感觉，而尺寸是用度量单位，如千米、米、厘米等对建筑物或空间要素的度量，是在量上反映建筑及各构成要素的真实大小。例如同样长宽尺寸的门，在层高为近3 m的房间内和层高为10 m的大厅内给人的尺度感完全不同（见图3－30）。建筑中一些构件如栏杆、扶手、坐凳、台阶等，因为有功能上的要求，构件大小一般比较确定，有助于帮助使用者判断出建筑装饰空间的整体尺度感和空间的尺度大小。

**图3－30　相同尺寸的门在不同的空间环境中**

建筑装饰设计中，一般使用与真实空间大小一致的尺度。但对于某些特殊类型的空间，例如纪念性建筑、教堂、行政建筑等的室内装饰设计，多采用超大的尺度，从而使建筑物室内环境显得尽可能地高大（见图3－31、图3－32）。对于庭园建筑，可以采用小一些的尺度，使人感到小巧玲珑，产生一种亲切感。

图 3－31 左图为真实尺度的大门，右图为超常尺度的大门

图 3－32 采用超大尺度的教堂建筑

## 3.2.2 对称与均衡

### 1. 对 称

对称是指以某一点为轴心，求得上下、左右的均衡。对称是源于自然界物体的属性，保持物体外观量感的均衡，以达到形式上的稳定的一种法则。对称现象在自然界中随处可见，例如，人的身体本身就是优美的左右对称的典型，类似地还有鸟类、蝴蝶的翅膀等（见图 3－33）。

对称是形式美的传统技法，是人类最早发现和运用的法则。对称的形式能产生庄重、严肃、大方、安全的感觉，能取得较好的视觉平衡，给人以静态美感和心理上的稳定感。如北京的故宫、印度的泰姬陵、北京的四合院等均采用对称形式。如图3－34所示，我国古代的建筑物、家具及建筑装饰陈设都遵循这一法则。对称性的处理能充分满足人的稳定感（见图3－35、图3－36），同时也具有一定的图案美感，但要尽量避免让人产生平淡甚至呆板的感觉。

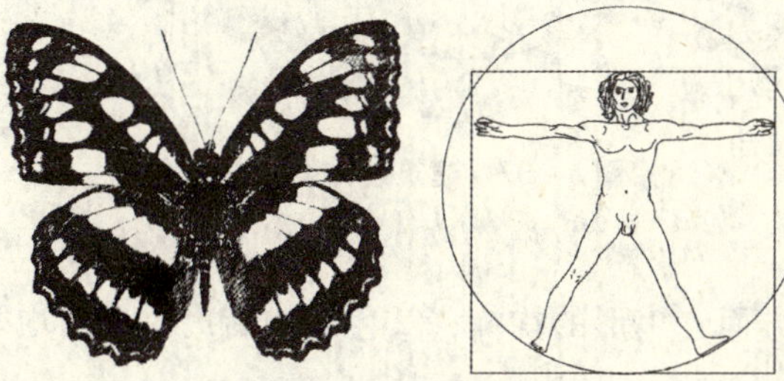

图3－33　对称的蝴蝶、人体

图3－34　中国古代建筑厅堂的对称形式

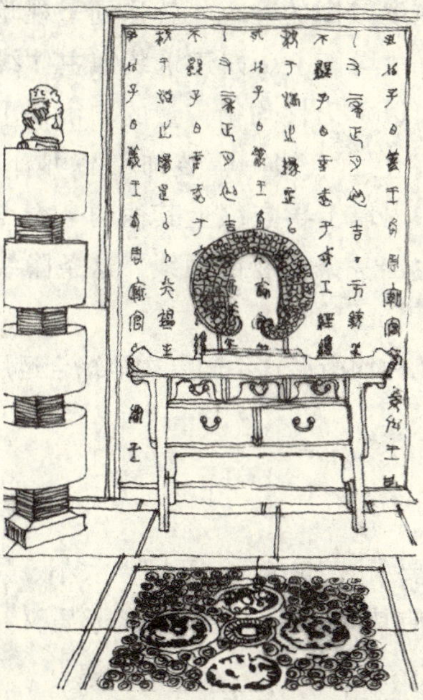

图3－35　建筑装饰设计中的对称形式

图3－36　建筑装饰设计中的对称形式

**2. 均　衡**

在建筑装饰设计中，均衡指的是根据空间中形的体量、大小、轻重、色彩和材质的分布作用于视觉判断上的平衡。平面构图上通常以视觉中心（视觉冲击最强的地方的中心）为支点，各构成要素以此为支点，保持视觉意义上的力度平衡。在设计中，均衡的感觉是非常重要的。由于均衡造成的视觉满足，使人的眼睛能够在观察对象时产生一种平衡、安稳的感受。均衡是建筑装饰设计中常用的形式美法则之一。在处理内墙的界面、材质、色彩、照明等装饰内容方面，均衡所起到的心理感受作用较大（见图3－37）。例如，面对庭院的落地大观景窗被匀称地划分成“格”，每一格中都是一幅风景，餐厅设计中餐桌上的烛台和插花的均衡设计，都是均衡原则的体现。

**图3－37　建筑装饰设计中的均衡**

建筑装饰设计运用均衡原则体现在4个方面：①形的均衡；②色的均衡；③力的均衡；④量的均衡。

形的均衡反映在设计中各元素构件的外观形态的对比处理上，如顶棚设计中的圆形造型和其方形顶面的均衡。色的均衡重点表现在色彩设置的量感上，如建筑装饰环境中，色调大面积采用暖灰色，而在局部陈设上，选用纯度较高的冷色，就达到了视觉心理上的色的均衡。力的均衡反映在建筑装饰形式的重力性均衡上。如建筑装饰主体线条为竖向序列，小部分线条为横向序列，则整个形象给人以重力性均衡。量的均衡则重点表现在视觉面积的大与小上。如建筑内墙可看成面形，上面点缀一幅装饰小品可看成点形，点形在面形的衬托下则成为视线焦点，如果在同一内墙上再点缀上其他的一个点形装饰物，由于人的视线在两个焦点间相互移动，而产生出一条神秘的隐线，这条隐线便产生均衡美感。

在设计中，设计师需要针对实际情况，对以上几种均衡形式不同层次地综合运用。

### 3.2.3　对比与统一

对比，又称对照，是把质或量反差很大的两个要素（如方圆、新旧、大小、黑白、深浅、粗细等）成功配列在同一空间中，经过设计，使其既对立又谐调，既矛盾又统一，在强烈反差中获得鲜明对比。“对比”是形式美的构成形式之一。

对比可产生明朗、肯定、强烈的视觉效果，使主体更加鲜明、作品更加活跃。对比有时是形态上的对比（见图3－38），有时是色彩和质感的对比。如图3－39所示，建筑装饰设计室内，方形和圆形在视觉上形成强烈反差，增加了空间中的趣味性。

图 3－38 形态、材料的对比

图 3－39 方圆的对比

在建筑装饰设计中，对比手法的运用无处不在，可以涉及空间的各个角落。通过形体的大小对比、光线的明暗对比、色彩的冷暖对比、材料的质地对比、风格的传统与现代的对比等，建筑装饰设计可以产生更多层次、更多样式的变化。

形状的对比：完全不同的形状，固然产生一定的对比，但应该注意统一感。

大小的对比：形状面积大小不同、线的长短不同等所形成的对比。

色彩的对比：色彩由于色相、明暗、浓淡、冷暖不同所产生的对比。在自然界中充满了色彩对比，如红花绿叶、斑马的黑白条纹等。

质感肌理的对比：不同的肌理感觉，如粗与细、糙与滑、纹理的凹凸感不同所产生的对比。如图 3－40 所示，玻璃、陶瓷的光滑致密与原木的粗犷质朴在质感上产生强烈对比。

位置的对比：画面中形状的位置不同，如上下、左右、高低等所产生的对比。

重心的对比：重心的稳定、不稳定、轻重感不同所产生的对比。

空间的对比：空间中的正负、图底、远近及前后所产生的对比。

图 3－40 不同材料质感的对比

虚实的对比：空间中有实感的形体称之为实，空间是虚，例如玻璃面和实墙面组合产生的虚实空间的对比。

一般在建筑装饰设计中，为达到整体调和、局部对比的效果，大面积运用比较柔和的对比，局部运用鲜明对比。

### 3.2.4 节奏与韵律

“建筑是凝固的音乐”，成功的建筑总是以明确动人的节奏和韵律将无声的实体变为生动的语言和音乐。节奏与韵律是指同一现象有规律地周期性反复或交替。它们原本是音乐构成中的概念，也是音乐产生美感的重要手段。从一定意义上讲，音乐的艺术感染力是靠音乐的节奏和韵律产生的，这种节奏和韵律产生的美感在建筑装饰设计中也得到了充分的体现。

节奏这个具有时间感的概念，原本是音乐和舞蹈中的音响和动作运动过程有规律地出现强弱、长短的连续交替现象。用于设计上，节奏是指以同一要素连续重复时所产生的运动感，以形和色有规律性地连续不断地交替和重复来产生美感。

与节奏密切相关的是韵律。韵律也是源于诗歌和音乐的美感概念，是指艺术语言的节奏在感情统调下的和谐。在自然界中，有许多具有强烈韵律的现象，如植物叶片的排列、山间的小路、大海的波浪、行星运行的轨迹等。在艺术中，韵律越强烈，其作品越具有艺术冲击力和感染力。在建筑装饰设计中，有规律变化的形或色，按照一定的规律排列，使之产生音乐的旋律感，形成韵律。同一要素周期性反复出现时，会形成运动感，因此，韵律的表现是表达动态的构成方法之一。

韵律的表现使画面充满生机，具体表现手法有连续式、渐变式等。

连续式：基本形在上下左右作单一方向的反复。这时如果基本形的间隔相同，则韵律变化就少；如果基本形间隔不一，则会产生复杂的韵律感，两个以上的基本形交错出现可以产生起伏式、交错式等的韵律。在建筑装饰中，有些形体的重复可以产生连续韵律。例如重复出现的门、窗、墙面等形状（见图 3-41、图 3-42）。哥特式教堂尖顶和建筑装饰空间垂直线的重复就产生韵律感。楼梯是建筑装饰设计中最能体现节奏与韵律的所在（见图 3-43）。

渐变式：以数理原理为依据进行有序的组织变化，以获得优美的形式。自然界中植物生长过程也体现着渐变规律。与连续式韵律相比，以渐变构成的韵律具有更为强烈鲜明的形式，更加丰富和耐看。即使是一个简单的元素，通过渐变也可获得丰富的效果。这种变化具体表现为：大小、强弱的渐变，高低起伏、间歇距离的渐变，方向、位置的渐变，色彩、形象的渐变等。渐变的过程实际上是量的递增或递减，可形成规律性极强的韵律感（见图 3-44）。

在建筑装饰设计中，节奏和韵律是通过体量大小的区分、空间虚实的交替、构件排列的疏密、长短的变化、曲柔刚直的穿插等变化来实现的。节奏和韵律有一种神奇的力量，因为它们可以引导人的视线，所以具有强烈的视觉吸引力。体态和线条的韵律在建筑装饰中是产生紧凑感和趣味性的重要手段，具有重要的价值和意义，是形式美感的重要形式。

图 3 - 41　连续重复的韵律

图 3 - 42　灯具连续重复产生的韵律

图 3 - 43　楼梯体现节奏和韵律

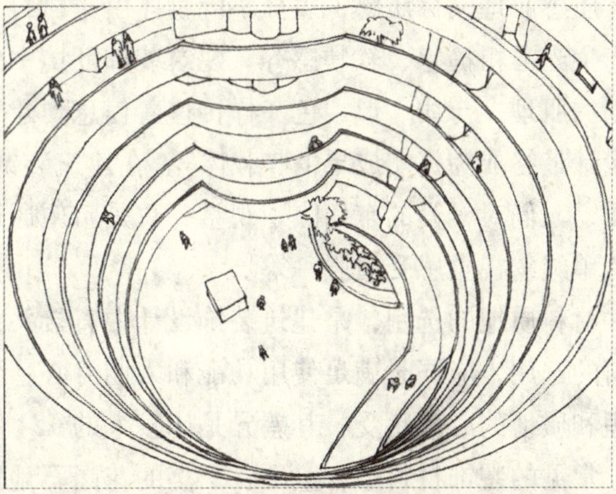

图 3 - 44　古根海姆美术馆内部的渐变韵律

如图 3 - 45 和图 3 - 46 所示，罗马千禧教堂是以直线为主，穿插曲线的几何体建筑，玻璃墙面与白色实墙的交替更迭，产生了特殊的韵律感和节奏感，从而使建筑充满了某种艺术品味。

图 3-45 罗马千禧教堂外立面

图 3-46 罗马千禧教堂内部

### 3.2.5 材料质感肌理、色彩

**1. 质感肌理**

质感肌理又称质感，表征不同物体由于材料不同，表面的排列、组织、构造各不同，因而产生光滑粗糙感、软硬感等。建筑装饰环境中的一切物体除了形、色之外，材料的质感即它们的肌理，与线、形、色一样传递着信息。建筑装饰设计毕竟不能仅停留于纸上，材质才是设计最终成为真实成果的“载体”。在建筑装饰环境中，人主要通过触觉和视觉感知实体物质，人们对喜爱的东西除了观赏，总是希望通过抚摩、接触来感受其材料特点。因此，质感比单纯的视觉感受更胜一筹。

材料质地的选用，是建筑装饰设计中直接关系到实用效果和经济效益的重要环节。饰面材料的选用，应同时满足使用功能和人们身心感受这两方面的要求。人们对不同装饰材料的肌理和质地的心理感受，其差异是比较大的。

常见的装饰材料中，坚硬、平整的花岗石地面给人以坚固、凝重感；自然纹理的木质、竹质材料给人以亲切、柔和、温暖的感觉（见图 3-47）；未经精加工的石材和假石则粗犷豪放；反射性较强的金属质地不仅坚硬牢固、冷漠，而且新颖、高贵，时代感强（见图 3-48）；轻柔、细软的纺织品与皮革质地给人以柔软、舒适、豪华典型之感；平滑、精巧的玻璃镜面使人产生一种洁净和通透之感。

图 3－47 木质的材料给人亲切感

图 3－48 玻璃和金属材质的时代感较强

在实际设计中，通过装饰各界面上相同或不同的材料组合，来体现材料质感。因此，在建筑装饰设计中，各界面装饰在选材时，要注意协调好各种组合材料质感的对比关系。装饰材料质感的组合，在实际运用中表现为 3 种方式：

（1）同一质感材料的组合。例如，采用同一石材装饰墙面地面，可以采用对缝、拼角、压线等手法，通过石材的横直纹理的走向、肌理的微差、界面的凹凸变化来实现组合构成关系。

（2）相似质感材料的组合。如同属木质质感的胡桃木、梨木、柚木，因树种不同，而形成颜色纹理的差异。这些相似肌理的材料组合，在环境效果上起到中介和过渡的作用。

（3）对比质感的组合。几种质感差异较大的材料组合，会得到不同的空间效果。如将木材与自然材料相组合，很容易达到协调，即使同一色调，也不显得单调，如图 3－49 所示，木材和砖墙装饰墙面，会产生古朴、自然的效果；而将木材地面、石材墙面与艺术玻璃组合应用，则会在强烈的对比中充满现代气息，如图 3－50 所示。另外，在店铺装饰设计中，也常常采用玻璃地面和线形木龙骨货架，利用玻璃的光感和硬度以及木龙骨的自然感，提升店内的商业空间氛围，使人感觉新颖又富于变化。有些公共建筑空间中，还利用一些不常见的材质诸如水泥墙、钢丝网代替白墙，并且用墙面色块的对比、花卉的衬托来化解水泥的冰冷，从而形成独特的装饰效果。

为了体现材料的质感美，除了使用材料对比组合手法外，还同时运用平面与立体、大与小、粗与细、横与直、藏与露等设计技巧，从而产生相互烘托的作用。

图3-49 木材和砖墙装饰墙面的效果

图3-50 地面木材、墙面石材与艺术玻璃的组合应用

**2. 色　彩**

对于色彩，由于时代及文化等原因，其评价标准会有所变化；根据不同材料及使用目的不同，相同的颜色有时会有完全不同的评价；因个人的喜好还会有着很大的差别。在色彩的使用上已有能够决定各种色彩的标准，其标准就是表色体系，有孟塞尔表色体系、奥斯瓦尔特表色体系、CIE（XYZ）表色体系。这些表色体系都是以独立变化的3个量来表示的。中国常用的孟塞尔表色体系中，用色相、明度、纯度来表示，其概念如下。

（1）色相

色相是区别色彩的重要概念。白光在分光镜下展开成红、橙、黄、绿、青、蓝、紫7种色光。色相就是一种色彩带给人的或红、或黄、或紫等的视觉感受，通俗地讲就是颜色的“相貌”。在从红到紫的光谱中，等间地选择5个颜色，即红（R）、绿（G）、黄（Y）、蓝（B）、紫（P），相邻的两个色相互混合又得到红黄（YR）、黄绿（GY）、蓝绿（BG）、蓝紫（PB）、紫红（RP）共10个色相，从而构成一个首尾相接的环，即孟塞尔色相环。孟塞尔色相环中的每个色相可再细分10个，达到100个色相，色相之多几乎达到人类眼睛分辨颜色的极限。由于不同色彩在色环中是渐变过渡的，而没有明显的界线，所以当两种颜色之间只有微小差异时，就使用相同色相名称代表。

（2）明度

明度是指色彩的明亮程度，不同的色彩反映的光强弱不一，会产生不同程度的明暗，因此不同的色彩具有不同的明度。在色彩明度的最亮和最暗之间存在着很多明暗层次。

要改变一种颜色的明暗，可以把它与另一种更亮或更暗的颜色调和。色彩中，色相不会改变而只能改变色彩明度的调和颜色有黑色和白色。

（3）纯度

纯度是指色彩的纯净程度，即色的饱和度。纯度表达出一种颜色是否含有其他颜色的成分，色彩的饱和度越高，色彩越纯、越清澄，也就显得越鲜艳、彩度越高。相反，色彩的饱和度越低、越混浊，则色彩越不鲜艳、彩度越低。

人们对于建筑装饰的印象首先是从色彩开始的，色彩是建筑装饰设计中最为生动、最为活跃的因素。色彩最具表现力，通过人的视觉感受产生的生理、心理和类似物理的效应，能形成丰富的联想、深刻的寓意和象征。

建筑装饰设计中，在明度、彩度方面，一般顶棚采用高明度、低彩度，地面采用低明度、中彩度，墙面采用中间色的色彩构成。

在建筑装饰设计中，无彩色的运用也比较普遍。无彩色是与有彩色相对立而存在的色彩的两大类别之一。凡在视觉上无法辨别它属于哪一种色相的色彩，称为无彩色。这些色彩的彩度为零，没有色相，只有明度的变化。属这类色彩的有黑与白以及中间系列的灰。在设计与艺术的实践中，设计师都很重视这类色彩的运用。

在色相方面，即使单色也有暖色、冷色、前进色、后退色、膨胀色、收缩色（无彩色也有膨胀色、收缩色之别）。暖色前进、膨胀倾向较强；冷色后退、收缩倾向较强。相同的色彩，因面积不同，给人的感受也不同。面积越大会让人感受到越明亮、鲜艳，所以设计时要充分考虑施色的部位、面积及照明条件。

色彩的统一与变化，应着重考虑以下两个问题：

（1）主体色彩突出。在建筑装饰色彩设计时，首先要选择好空间色彩的主色调。色彩的主色调在建筑装饰气氛中起主导、润色和烘托的作用。对于规模较大的建筑，主色调更应该贯穿整个建筑空间，在此基础上再考虑局部的、不同部位的适当变化。主色调的选择是一个决定性的步骤，因此建筑装饰色彩设计需要根据建筑物的性格、建筑装饰使用性质、工作活动特点、停留时间长短等因素，确定建筑装饰环境的主色调，选择适当的色彩配置（见图3－51）。主色调要贴近所反映的空间的主题，即希望通过色彩体现出对空间的感受，是典雅还是华丽，安静还是活跃，淳朴还是奢华。

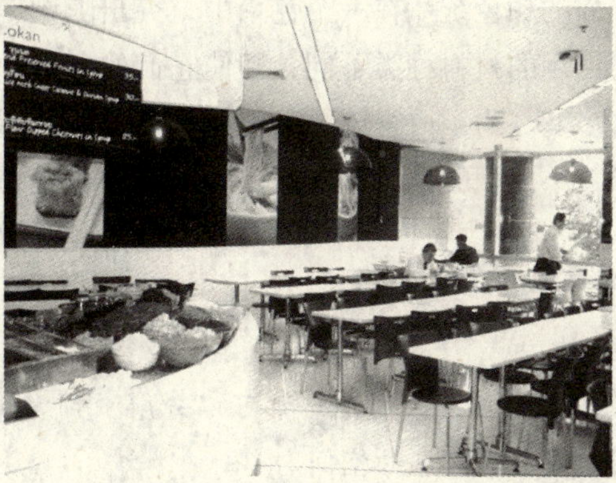

**图3－51　快餐店室内色彩配置**

在建筑装饰色彩设计中，首先要考虑空间内的墙面、地面、天棚的色彩，它们在面积上占有极大的部分，并起到衬托建筑装饰一切物件的作用。它们的色调往往决定着建筑装饰色彩设计中的主色调。其他的装修色彩，如门、窗、通风孔、博古架、墙裙、窗帘、床罩、台布、地毯和各式家具（例如橱柜、梳妆台、床、桌、椅、沙发等）等，它们是建筑装饰陈设的主体，是表现建筑装饰风格、个性的重要因素，也是控制建筑装饰主体色彩的重要组成部分。

例如，贝聿铭设计的香山饭店的室内空间，为了表达江南民居般的朴素、雅静的意境，在建筑室内色彩上采用了接近无彩色的体系为主题：白色为主色调，灰色为中间色调，黄褐色作小面积点缀颜色。香山饭店的墙面、顶棚、地面、家具、陈设，都贯彻了这个色彩主调，整体色调十分统一和谐，从而给人以强烈感染力（见图3－52、图3－53）。

图3－52　香山饭店主色调为白色

图3－53　灰色为香山饭店中间色调

（2）色彩的统一协调。建筑装饰设计中需要大部位色彩协调时，可以把顶棚、地面、墙面的颜色统一在一个色系中，突出陈设、灯具、花卉等小局部的对比色。由于室内各界面所使用的材料种类不同，即使它们的色系一致，由于材料质地的区别，整体效果还是显得丰富多变。为了取得统一又有变化的效果，装饰设计中大面积的色块不宜采用过分鲜艳的色彩，小面积的色块可适当提高色彩的明度和纯度。

## 小　结

1. 任何复杂的形态都可以分解成简单的基本形，由点到线，线构成面，面组成体，分割组成形形色色的空间。

2. 点是一切物体形态的基础。点是最简洁的形态，是最小的构成单位。点在视觉感受中具有凝聚视线的特性。点的连续排列可以形成虚线，点的密集排列可以形成虚面与虚体。当点偏移中心位置时，点就变得有动感、方向感。在建筑装饰设计中，点的存在形式大致有实的点、虚的点、线化的点、面化的点。

3. 线由点的运动轨迹形成，线形表现中最基本的形态有直线、曲线和折线等。线，由于其形状、位置、方向的不同，会给人带来不同的心理感受。线的方向在人的视觉感受方面会起到较大的作用。在建筑装饰设计中有直观的线和非直观的线，线的存在形式有很多种，有实线、虚线、光影线、面化的线、体化的线等。

4. 面可由线的移动轨迹形成，也可由点的面积不断扩大而获得。面给人的主要感受是延伸感和力度感，曲面还给人以紧张感和动感。在实际装饰设计中的地面、墙面和天棚的设计，就是对面的设计。面的存在形式大致有实面、虚面、线化的面、体化的面。

5. 体由面的运动轨迹或围合形成，可分为规则体和不规则体。体一般会给人坚实感、安定感和稳重感。在建筑装饰设计中，体的存在形式大致有半立体、线立体、面立体、块立体。

6. 建筑装饰设计形式美法则：建筑装饰空间的比例与尺度、对称与均衡、对比与统一、节奏与韵律，材料质感肌理、色彩等。

## 思考题

3－1　举例说明建筑装饰中点、线、面、体的存在形式。

3－2　形式美法则有哪些？形式美法则在设计中怎样体现，举例说明。

**进一步阅读推荐书目**

田学哲．建筑初步．2版．北京：中国建筑工业出版社，1999.

陈易．室内设计原理．1版．北京：中国建筑工业出版社，2006.

辛艺峰．建筑室内环境设计．1版．北京：机械工业出版社，2007.

汤洪泉．室内设计原理．1版．南京：南京大学出版社，2006.

李朝阳．室内空间设计．2版．北京：中国建筑工业出版社，2006.

文健，陈游．室内空间设计．1版．北京：清华大学出版社，北京交通大学出版社，2008.

# 4 建筑装饰设计与人体工程学

## 学习目标

1. 掌握常见住宅空间中人与家具的尺度。

2. 熟悉人体与装饰环境基本尺度关系，行为心理与空间环境关系，人体工程学与家具设计。

3. 了解人体工程学研究内容和方法。

## 学习重点

1. 人体工程学研究内容和方法，人体与装饰环境基本尺度，行为心理与空间环境。

2. 人体工程学与家具设计，常见住宅空间中人与家具的尺度。

## 4.1 人体工程学研究的内容和方法

### 4.1.1 人体工程学的含义和发展

人体工程学（human engineering）和人的行为心理研究是近数十年发展起来的新兴课题。过去人们研究探讨问题，经常把人与周围的物和环境割裂开来，孤立地对待，或者是单纯地以人去适应物和环境。现代建筑装饰环境设计日益重视人与物（设备、工具、家具等）和环境（空间形状、尺度、氛围等）的协调，对物理环境、生理环境以及心理环境的问题研究给予高度重视，并运用到设计实践中去。

人体工程学是第二次世界大战后发展起来的一门新学科，也称人类工程学、工效学（ergonomics），是研究“人－机－环境”系统中人、机、环境三大要素之间的关系，为解决该系统中人的效能、健康问题提供理论与方法的一门技术科学。

按照国际工效学会所下的定义，人体工程学是一门“研究人在某种工作环境中的解剖学、生理学和心理学等方面的各种因素；研究人和机器及环境的相互作用；研究在工作中、家庭生活中和休假时怎样统一考虑工作效率、人的健康、安全和舒适等问题的科学”。

人体工程学作为独立学科已有50年的历史。最初源于欧美，始于工业生产活动，探求人与机械之间的协调关系。第二次世界大战后，各国把人体工程学的实践和研究成果，迅速有效地运用到空间技术、工业生产、建筑设计中去。人体工程学运用到建筑装饰设计中，其含义为：以人为主体，运用人体计测、生理计测和心理计测等手段和方法，研究人体结构功能、心理、力学等方面与建筑空间环境之间的合理协调关系，以适合人的身心活动要求，取得最佳的使用效能，其目标应是安全、健康、高效和舒适。这里“环境”的含义非常广泛，指的是人直接接触的各种器物和设施，在建筑装饰设计中则主要指各类与人关系密切的建筑内部构件和家具，如门、窗、楼梯、沙发、桌椅、台面、柜子等。而“人”的含义则不仅指人体尺寸，还包括其他的人体生理构造和心理特征。

### 4.1.2 人体工程学的研究内容

人体工程学研究的主要内容大致分为3部分：环境中的人；直接由人使用的机械部分如何适应人的使用；环境控制如何适应人的需求。

在对环境中的人进行研究时，必须考虑到人类特征的所有方面，其主要内容包括：

(1) 人体尺寸；

(2) 生理及心理需求；

(3) 对物理环境的感受性；

(4) 对社会环境的感受性；

(5) 智力和学习的能力；

(6) 人的习惯与差异（民族、性别）；

(7) 环境对人体的影响；

(8) 感觉和知觉能力（视觉、听觉、嗅觉、触觉等）；

(9) 运动和体力；

(10) 其他。

### 4.1.3 人体工程学的作用

从建筑装饰设计的角度来说，研究人体工程学的主要功用在于通过对人的生理和心理的正确认识，为室内外环境空间的布置提供依据，使建筑装饰环境因素适应人的生理需要和心理要求，进而达到提高建筑装饰环境质量的目标。人体工程学在建筑装饰设计中的作用主要体现在以下几个方面。

**1. 为人和人际在建筑装饰空间中活动所需空间的设计提供依据**

根据人体工程学中的有关计测数据，从人的尺寸、动作域、心理空间以及人际交往的空间等方面确定空间大小。影响空间大小的因素中，人体尺寸、人体的活动范围及家具设备的数量和尺寸是主要因素。例如，一般的室内过道宽度是根据人体的肩膀宽来决定的。人的肩膀宽大约在 550 mm 左右，加上人走动时肩膀的摆动，预留空间宽度达到 600 mm 以上的时候，走路一般不会碰到东西。因此当双人并肩走的时候，1 200 mm 的空间基本够用。因此，住宅的过道宽度基本为 1 200 mm，而公共空间中的过道，考虑多股人流经过，一般需预留 1 500 mm 的宽度。

**2. 为家具、设施的形体、尺度及其使用范围提供依据**

家具、设施为人所用，因此，它们的形体、尺度必须满足人体的尺度要求。同时，人们为了使用这些家具和设施，其周围必须留有活动和使用的最小余地，这些都需通过人体工程科学给出最合理的数据和指标。

**3. 为确定人的感觉器官对环境的适应能力提供依据**

人的感觉器官包括人的视觉、色觉、听觉、触觉、嗅觉等与环境相关的知觉器官。人的感觉是有差别的，从这一事实出发，人类工程学既要研究普遍规律，又要考虑不同年龄、不同性别的人的感觉差异。建筑装饰环境主要有建筑装饰热环境、声环境、光环境、重力环境、辐射环境、色彩环境等。有了上述人体工程学的科学的参数后，在设计时就有可能有正确的决策，以便确定建筑装饰环境的各种条件的配置，例如色彩配置、景物配置、温度湿度、声学强度、光照强度等。

### 4.1.4 人体工程学的研究方法

人体工程学以“人－机－环境”关系为研究对象，以实测、统计、分析为基本的研究方法。

**1. 人体工程学实测法**

在进行人体工程学研究时，为了便于进行科学的定性和定量的分析，首先需要了解人的生理数据和心理指标，所有这些数据必须在人体上实测得到。对人体的测量的目的就是为研究者和设计者提供数值依据。实测方法分人体生理计测和心理计测两种。

生理计测法是根据人体在进行各种活动时，有关生理状态变化的情况，通过计测手段，予以客观的、科学的测定，以分析人在活动时的能量和负荷大小。人体生理计测法主要有肌电图方法、能量代谢率方法、精神反射电流方法等。人体心理计测法采用精神物理学测量法及尺度法等。

**2. 人体工程学的实验法**

当实测受到限制时，可采用实验的方法。例如，色彩环境对工作人员的心理和工作效率的影响，应对现场经过一段时间的观测，观察各种色彩环境条件下工作人员的不同反应，才能得到比较真实的结果。

## 4.2 人体基本尺度与建筑装饰环境

人体尺度是人体尺寸与空间的比例关系。人体基本尺度主要包括人体尺寸以及人体的动作域等有关数据。

人体尺寸是人体工程学研究的最基本的数据之一，它是指静止的人体尺度，即人在站立、躺卧、静坐、下蹲时的尺寸，是人体尺度静态的、相对固定的数据。

人体动作域是人们在建筑装饰空间中工作和生活活动范围的大小，它是确定建筑装饰空间尺度的重要依据之一，也是人体工程学研究的基础数据。人体动作域的尺寸是动态的，其动态尺寸与活动情景状态有关，主要有行走、蹦跳及站、坐、蹲、卧等的身体与手、足的运动。

### 4.2.1 人体尺寸

人体尺寸是确定室内诸如门的高宽度、踏步的高宽度、窗台阳台的高度、家具的尺寸及其相间距离，以及楼梯平台、室内净高等的最小值的基本依据。人体尺寸可以分为两类，即构造尺寸和功能尺寸。

**1. 人体构造尺寸**

人体构造尺寸往往是指静态的人体尺寸，它是人体处于固定的标准状态下测量得到的数据。可以测量许多不同的标准状态和不同部位，如手臂长度、腿长度、坐高等。它对与人体有直接关系的物体有较大关系，如家具、手动工具等，也为人体的各种装备设计提供数据。在建筑装饰设计中最有用的构造尺寸是身高、体重、坐高、臀部至膝盖长度、臀部的宽度、膝盖高度、膝弯高度、大腿厚度、臀部至膝弯长度、两肘之间宽度等（参见图4-1、图4-2）。

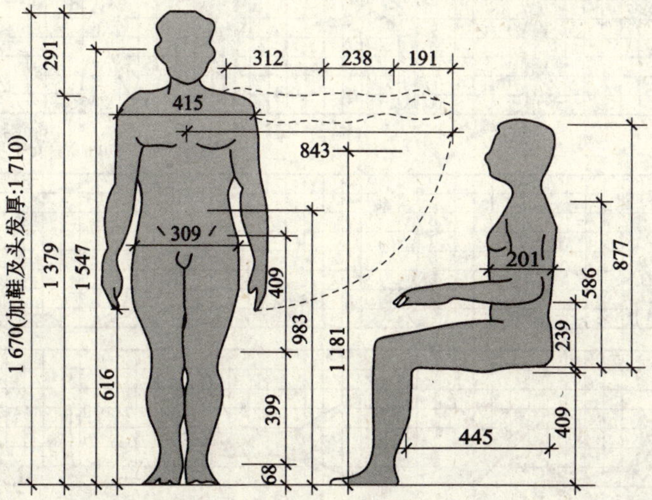


**图4-1 中国中等人体地区男子人体各部分平均尺寸（单位：mm）**

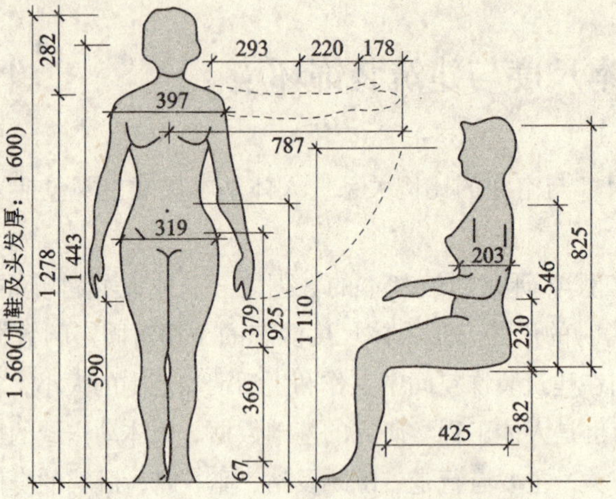


图 4－2 中国中等人体地区女子人体各部分平均尺寸（单位：mm）

**2. 人体功能尺寸**

人体功能尺寸是指动态的人体尺寸，包括在工作状态或运动中的尺寸，它是人在进行某种功能活动时肢体所能达到的空间范围，是在动态的人体状态下测得的数据（见图 4－3）。

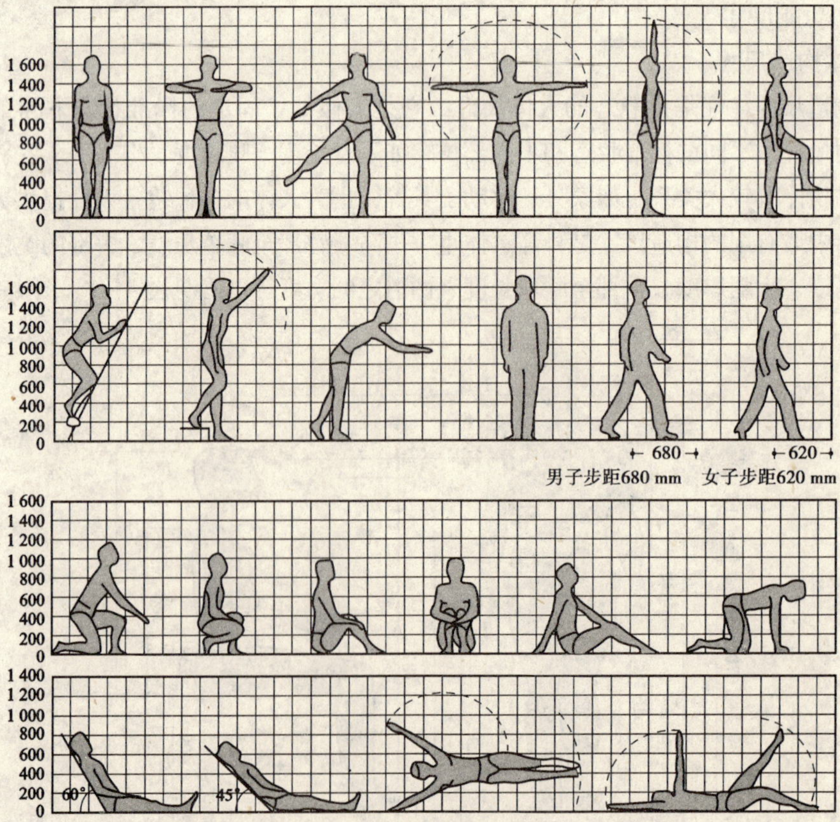


图 4－3 动态人体的基本尺寸（单位：mm）

在对人体的基本动作趋势加以分析后可以看出，人的工作姿势，按其工作性质和活动规律，可分为站立姿势、坐椅姿势、跪坐姿势和躺卧姿势。

(1) 站立姿势：正立姿势、稍息姿势、休息姿势等。

(2) 坐椅姿势：靠坐、高坐、矮坐、工作坐姿等。

(3) 跪坐姿势：盘腿坐、蹲、单腿跪、双膝跪、直跪坐、爬行、跪端坐等。

(4) 躺卧姿势：俯卧、侧躺卧、仰卧等。

动态的人体尺寸，是人在进行某种功能活动时肢体可能达到的空间范围。它是由关节的转动所产生的角度与肢体的长度相协调产生的范围尺寸，它对于解决带有空间范围、位置的问题时必须予以考虑。

**3. 人体尺寸的差异**

很多复杂的因素都在影响着人体尺寸，所以个人与个人之间，群体与群体之间在人体尺寸上存在差异。一般来讲，人体的高度与种族、性别以及所处的地区有关。不同年龄、性别、地区和不同民族、国家的人体，具有较大的尺寸差别。

(1) 不同种族的差异

不同的国家、不同的种族，由于地理环境、生活习惯、遗传特性的不同，从而导致人体尺寸的差异十分明显。例如，我国成年男子平均身高为 1 670 mm，美国成年男子平均身高为 1 740 mm，俄罗斯成年男子平均身高为 1 750 mm。身高从平均较矮的越南人的 1 605 mm 到较高的比利时人的 1 799 mm，高差达 194 mm。

(2) 不同年龄人群的差异

在进行某项设计时必须经常考虑到年龄的问题，即考虑所定设计是否适用于相应的年龄。

在人体尺寸上，年龄造成的差异也很重要。一般来说，老年人比青年人身高要矮一些，体重要重一些，运动速度和柔韧性要差一些，在考虑老年活动空间时应注意这些特点。儿童的人体尺寸对于儿童用具的设计、幼儿园的设计、小学室内装饰设计都是非常重要的。儿童意外伤亡与设计不当有很大的关系。例如，栏杆间隔只要儿童的头部能钻过的，身体就可以过去，因此，栏杆的间距必须能够阻止儿童头部的钻过。以 5 岁幼儿头部的最小尺寸为例，它约为 140 mm，如果以它为平均值，为了使大部分儿童的头部不能钻过，则栏杆间距最多不能超过 110 mm。

(3) 性别差异

3 到 10 岁这一年龄阶段男女的差别极小，同一数值对两性均适用，两性身体尺寸的明显差别是从 10 岁以后开始的。一般成年女性的身高比男性低 100 mm 左右。调查表明，女性与身高相同的男性相比，身体比例是完全不同的，女性臀部宽肩窄，躯干较男性为长，四肢较短。在单一性别的空间设计中应注意到这些差别，例如男女浴室室内装饰设计等。

(4) 残疾人

残疾人的尺寸也是在设计中必须应该了解的。在设计中首先假定乘轮椅患者的四肢的活动没有影响，活动的程度接近正常人，而后，重要的是决定适当的手臂能够得到的距离和各种间距以及其他的一些尺寸，这就必须要将人和轮椅一并考虑。图 4－4 和图 4－5 为乘轮椅的人体尺寸。

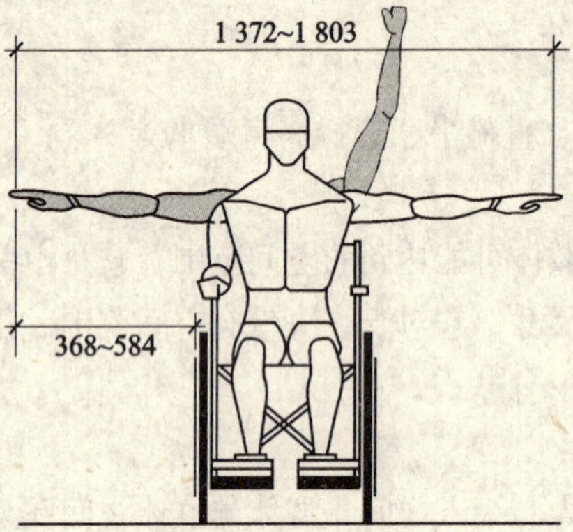


图 4-4 正面乘轮椅的人体尺寸（单位：mm）

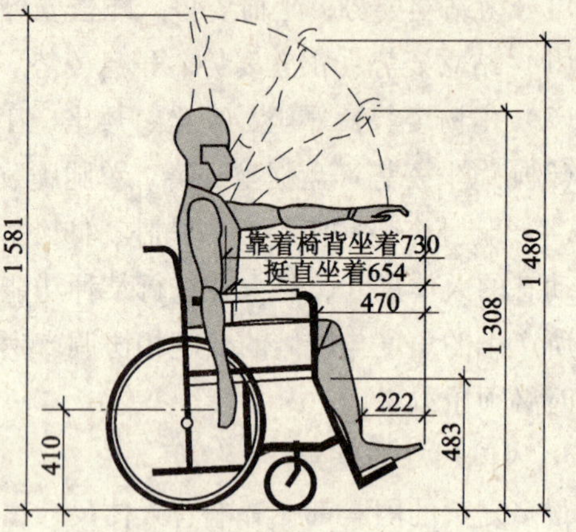


图 4-5 侧面乘轮椅的人体尺寸（单位：mm）

对于能走动的残疾人而言，必须考虑他们是使用拐杖、手杖、助步车、支架，还是用狗帮助行走，这些都是他们功能需求的一部分。因此为了更人性化的设计，应该把这些残疾人和辅助工具作为一个整体来考虑。现在，与残疾人有关的设计问题，已发展成为一专门的学科，称为无障碍设计，在国外已经形成相当完善的体系。

### 4.2.2 人体活动所占的空间尺度

现实生活中人们并非总是保持一种姿势不变，人们总是在变换着姿势，并且人体本身也随着活动的需要而移动位置，这种姿势的变换和人体移动所占用的空间构成了人体活动空间（见图 4-6）。

### 4.2.3 人体尺度在建筑装饰设计中的应用

从上面数据可以看到，人体尺度是在一定的幅度范围内变化的。选择适应设计对象的数据是很重要的，要清楚使用者的年龄、性别、职业和民族，及相关的各种数据，使得所设计的室内环境和设施适合使用对象的特征。

建筑装饰设计时，人体尺度具体数据的选用，对于不同空间状态，应首先考虑人们动作和活动的安全，其次考虑对大多数人都适宜的尺度。

一般认为，对不同情况，可以按照以下 3 种人体尺度来考虑：

（1）按照较高人体高度考虑的空间尺度。例如，门洞高度、楼梯通行净高、栏杆扶手高度、阁楼及地下室净高、通道和淋浴喷头的高度、床的长度等，应取男性人体高度的上限 1.74 m，并适当加以人体动态的余量进行设计。

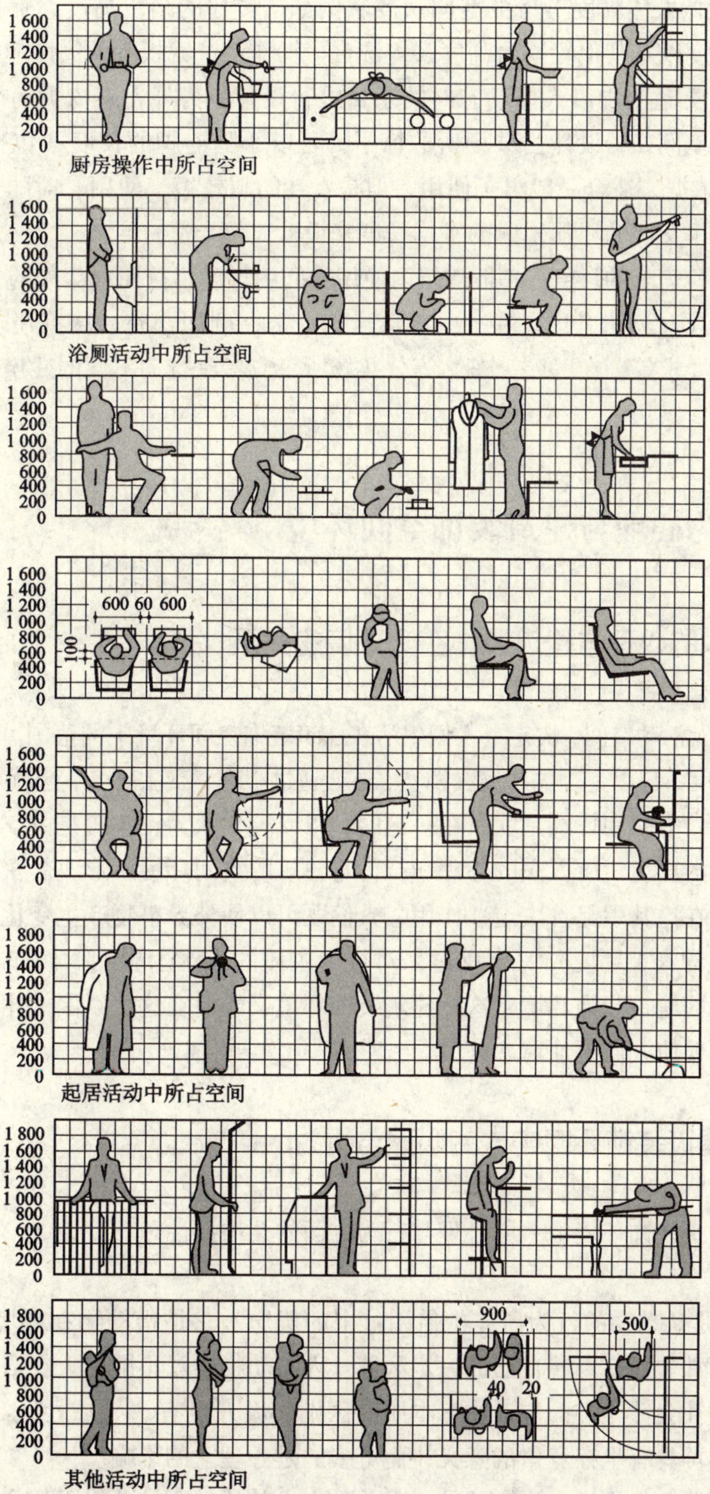


图4-6 人体活动所占空间尺度（单位：mm）

（2）按照较低人体高度考虑的空间尺度。例如，楼梯的踏步高度、碗柜高度、上隔板高度、挂衣钩高度以及其他置物台高度、盥洗台、操作台、案板等的高度应按女性人体的平均高度 1.56 m，并适当加以人体动态时的余量进行设计。另外，座椅类的平面高度的尺寸要用较低的尺寸。例如，设计公共场所的椅子，若以小腿连脚的长度（包括鞋）的男女平均值 460 mm 为依据，适合一般男子使用，但是女性的腿较短，使用它时腿会有悬空，感觉不舒适。因此，用女性的小腿连脚的平均长度来设计比较合适。

（3）考虑特殊需求的尺度。一般建筑内使用空间的尺度可按照成年人的平均高度 1.67 m（男）及 1.56 m（女）来考虑。在一些特殊建筑内部，例如剧院、展览建筑内应考虑人的视线要求和声学要求等，在医院、车站等公共场所里应考虑行动不便的残疾人的尺寸和轮椅的尺寸。

## 4.3 行为心理与建筑装饰空间环境

### 4.3.1 人的心理与建筑装饰空间环境的关系

人体的尺寸及活动空间，决定了人们生活在建筑装饰空间环境中的范围。人们对于建筑室内空间的满意程度不仅以生理的尺度去衡量，还会通过心理感受去感知，这就是人的心理空间。

就建筑而言，空间和环境是联系在一起的。可以这样认为，建筑是由空间构成的以人为核心并为人服务的环境。所以人的心理和行为与建筑的空间环境，形成紧密联系又相互紧密影响的关系。人在这其中起着决定性作用，人们既可以使外界事物产生变化，而这些变化了的事物（即形成的人工环境）又会反过来对行为主体的人产生影响。例如，人们设计创造了安静而且亲切的建筑装饰环境，这一建筑装饰环境又能使在这一氛围中休闲的人们产生良好的心理感受，促使人们更加留恋这里。

### 4.3.2 建筑装饰环境中人的心理与行为

下面列举建筑装饰环境中人的心理与行为方面的几项共性。

**1. 领域性**

“领域性”是从动物的行为研究中借用过来的概念。它是指动物在环境中为摄取食物、繁衍生息等，而常常保有专属自己的一定区域。人与动物毕竟不同，人在语言表达、理性思考、意志决策与社会性等方面与动物有本质的区别，但人也有“领域性”。人的“领域性”对人本身已经不再具有生存竞争的意义，而更多的是心理上的影响。

人在建筑环境中的生活、生产活动，也总是力求其活动不被外界干扰或妨碍，不同的活动有其必需的生理和心理范围与领域，人们不希望外来的人与物轻易地侵入他的领域。例如，在办公室中，每个工作人员都有专属于自己的位子；住宅门前的一块区域，在住户的心理上也具有领土的感觉。

**2. 人际距离**

根据观察，任何一个人的周围都有一个无形的“气泡”，在自己的周围为自己“割据”了一定的自我空间。当这个自我空间被人触犯，人们就会感到不舒服、不安全。由于“气泡”的存在，虽然人与人之间互相交流是必需的，但人们仍然保持一种距离，根据不同的接触对象和在不同的场合，在距离上各有差异。

美国人类学家爱德华·霍尔博士根据人际关系的密切程度、行为特征，把人际距离划分为4种类型：密切距离、个体距离、社会距离和公众距离。这4种类型每种又细分为近范围和远范围，如图4-7所示。

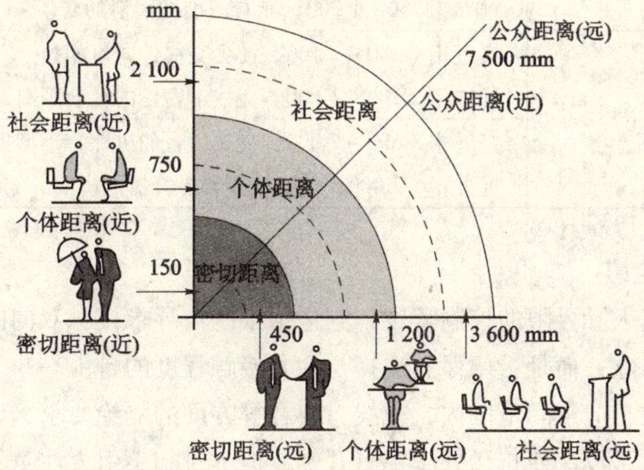


图4-7 人际距离空间

密切距离是人际交往中的最小间隔或亲密无间。其近范围约150 mm之内，彼此间可能肌肤相触，以致相互能感受到对方的体温、气味和气息。其远范围是150～450 mm，身体上的接触可能表现为挽臂执手，或促膝谈心，体现出亲密友好的人际关系。就交往情境而言，亲密距离属于私下情境，只限于在情感上联系高度密切的人之间使用。

个人距离是人际间隔上稍有分寸感的距离，基本上不直接接触身体。个人距离的近范围为450～750 mm。人们可以在这个范围内亲切握手、友好交谈，又不致触犯对方的近身空间。这是熟人之间交往的空间，一般朋友和熟人在街上相遇，往往在这个距离内问候和交谈。个人距离的远范围是750～1 200 mm，不太熟悉的人们之间的谈话，基本属于这种个人距离。

人际交往中，亲密距离与个人距离通常都是在非正式社交情境中使用，在正式社交场合则使用社会距离。社会距离一般在1.2～3.6 m。其中1.2～2.1 m通常是人们在社会交往中处理私人事务的距离。例如，在公共场所办理登记、取款时要输入密码，为了保护客户的机密，往往要求其他客户必须站在“一米线”之外。2.1～3.6 m是远一些的社交距离，是座谈、面谈的距离。商务会谈通常是在这个距离内，相互之间除了语言交流，还可以进行必要的目光接触。

公众距离是公众集会、上课等活动采用的距离，一般在 3.6～7 m。在会议室中，超过 7 m 这个距离人们就无法以正常的音量进行语言交流了，需要为发言者提供扩音设备。

人际交往的 4 种状态只是大致的划分。在不同的文化背景下，把握人际距离的准则会有所差异，但基本规律是相同的。和喜欢的人交谈要靠得近些，熟人要比生人靠得近，性格外向的人要比内向的人靠得近，女人之间比男人之间靠得近。

表 4－1 为人际距离和行为特征。

**表 4－1 人际距离和行为特征** mm

| | |
|---|---|
| 密切距离<br>0～450 | 接近相 0～150，亲密，嗅觉、辐射热有感觉<br>远方相 150～450，可与对方接触、握手 |
| 个体距离<br>450～1 200 | 接近相 450～750，促膝交谈，仍可与对方接触<br>远方相 750～1 200，能看清细微表情的交谈 |
| 社会距离<br>1 200～3 600 | 接近相 1 200～2 100，社会交往，同事相处<br>远方相 2 100～3 600，交往不密切的社会距离 |
| 公众距离<br>>3 600 | 接近相 3 600～7 000，自然语音的讲课，小型报告会<br>远方相 >7 000，借助姿势和扩音器的讲演 |

**3. 私密性和安全感**

私密性是人对于人际界限的控制程度，它包括限制与寻求接触双向的调节。人的私密性并不是意味着自我孤立，而是希望保有选择与他人接触程度的自由。

私密性更涉及在相应空间范围内，视线、声音等方面的隔绝要求，以及提供与公共生活联系的渠道。人们总是设法使自己处于视野开阔，但本身却不引人注意，不太影响他人的地方。类似情况可见于人们在餐厅中，对餐桌座位的挑选上。人们最不愿选择近门处及主要过道边人流来往频繁的座位，餐厅中靠墙卡座的设置，更有安全感和私密性，更符合散客就餐时私密性的心理要求，因此很受欢迎。

从心理感受来说，无论何时何地，人的心理上，都需要自己有一个受到保护的空间。建筑空间并不是越开阔、越宽广越好，当空间过大时，人们就会有一种隐隐迷失的茫然。人们通常在大型建筑空间中更愿意停留在有所“依托”的物体旁边。图 4－8 所示在机场候机厅内，人们并不是大量停留在最容易通行的宽阔的通道口，而是相对散布地汇集在营业柜台、柱子附近，适当地与人流主要通道保持距离。人们离开主要通道站立，是因为感到不易被

**图 4－8 候机厅内，人们选择不受人流干扰、背后有依托的地方站立**

来往的人流打扰而又不妨碍别人，背对柱边站立，人们会感觉背后不易被靠近、被攻击，心理上更具安全感。此外，还可看到，在餐厅、酒吧和图书馆等大型公共场所，大多数人都会先选择靠墙、靠窗，或者有隔断的地方。因此，现代建筑装饰设计必须越来越多地考虑为人们提供稳定安全的空间，尽可能使人感觉舒适。

**4. 从众与趋光心理**

当事故等紧急情况来临时，人们往往无暇注视周围的标志及文字内容，而是凭直觉跟着领头的几个人跑，紧急情况时语言的引导会优于文字。上述情况即属于从众心理。另外，在事故或者灾害造成紧急断电的情况下，任何一点微小的光线都会使人极力趋近，人们在室内空间中，具有从暗处往较亮处流动的趋向，这就是趋光心理。

上述心理和行为现象，提示设计者在创造公共场所室内装饰空间时，首先应注意空间与照明等的导向，标志与文字的引导固然也很重要，但从紧急情况时的心理与行为来看，对空间、照明、音响等的疏导作用应予以高度重视。

**5. 空间形状的心理感受**

由各个界面围合而成的建筑装饰空间，其形状特征常会使活动于其中的人们产生不同的心理感受。不同的空间几何形状，常会在心理上给人以不同的感受。例如，正向空间使人感觉稳定，斜向空间和曲面给人感觉动态变化，自由空间较活泼。著名建筑设计大师贝聿铭先生曾对他的作品——具有三角形斜向空间的华盛顿国家美术馆有很好的论述，他认为三角形、多灭点的斜向空间给人以动态和富有变化的心理感受。

### 4.3.3 人的行为和心理特征在建筑装饰设计中的应用

建筑装饰设计和人的视觉、心理及行为是相互作用、相互影响和相互制约的辩证关系。

从人的心理和行为特征来考虑建筑装饰设计中的问题，需要设计者对人与建筑环境的关系、对怎样创造建筑装饰人工环境，都要有新的更为深刻的认识。

运用行为心理特征，在建筑装饰设计中的应用面很广，暂且略举下述几点。

**1. 建筑装饰设计应符合人们的行为模式和心理特征**

建筑装饰设计应符合人的心理特点和规律。例如超市购物中，顾客心理上希望尽可能接触到商品，亲手挑选比较，由此自选及开架布局的卖场也就应运而生了。去大商场购物的顾客，他们的购物行为已从单一的购物，发展为购物－餐饮－娱乐休闲－儿童托管嬉戏等多元化的需求行为，因此，出现了集购物、娱乐休闲、餐饮为一体的现代化多功能大型商场的室内设计。

**2. 人的心理行为模式对组织建筑装饰空间的提示作用**

当人们处于室内环境的包围之中时，人们的思想、情绪和行为等心理要素也同时处在建筑装饰环境的影响中。室内环境就是指包围在人们周围的所有环境元素，这些给人以各种综合形象和生理刺激，同时这些刺激又在人的大脑中由感觉转化为感情，从而产生心理和精神上的作用。心理行为模式使设计不仅单纯从使用功能、人体尺度等起始点作为设计依据，而且使设计者对于组织空间，确定空间尺度范围和形状，选择空间光照和色调等有了更加深刻的理解，从而创造出一个人们喜爱和愿意停留的空间环境。

**3. 建筑装饰环境设计既要考虑共性又要考虑使用者的个性**

对人行为心理的研究从总体上既肯定人们对外界环境的认知有相同或类似的反应，同时也十分重视作为使用者的人的个性对设计提出的要求，充分理解不同使用者的行为、个性，在塑造环境时予以充分尊重。使用群的特定心理行为模式在某些设计中甚至有一定程度的“制约”作用，在设计中须辩证地掌握合理的分寸。如图 4 - 9 所示为专为女性设计的室内空间，运用偏女性化的元素，创造一个更加柔美的空间环境。

图 4 - 9 女性化的空间设计

## 4.4 人体工程学与家具设计

### 4.4.1 家具的类型

在家具发展历程中，设计家具的造型时，早先很少科学地考虑人体的生理功能，家具设计大多仅通过直觉的使用效果来判断，或凭习惯和经验来考量家具的合理性。从 19 世纪以来，现代家具设计开始关注对人体机能方面的适应性，基于“以人为本”的设计理念，进一步以科学的观点，研究家具与人的心理机能和生理机能的相互关系。

根据家具与人和物之间的关系，可以将家具划分成4大类。

**1. 坐卧类家具**

第1类为与人体直接接触，起着支撑人体活动作用的坐卧类家具。坐卧类家具是与人体接触面最大，接触时间最长，使用功能、造型式样最丰富的基本家具类型。坐卧类家具按照使用功能的不同可分为椅凳类、沙发类、床榻类3大类，如图4-10所示。

**图4-10 坐卧类家具：沙发类、床榻类、椅凳类**

（1）椅凳类

椅凳类家具从传统的马扎凳、长条凳、板凳、靠背椅、扶手椅子、躺椅、折椅、圈椅，发展到今天由高科技复合材料设计制造的气动办公椅、电动汽车椅、全自动调控航空椅等。

（2）沙发类

沙发是西方家具史上由坐卧类家具演变发展而来的重要家具类型。现代沙发由于设计师的努力和现代技术、材料的进步，日益变得更加舒适，功能多样、造型美观，成为现代建筑开放式空间中的重要家具类型。

（3）床榻类

床塌类家具是用来支撑人体睡眠用的家具，跟人类关系极为密切。现代床的造型设计和工艺结构、材料都有了很大的变化，除了木床、架子床、双层床之外，席梦思软垫床、多功能组合床、水床、电动按摩床等不断被设计和制造出来。

**2. 凭倚家具**

第2类为桌台类家具，这类家具与人体活动有着密切关系，起着辅助人体活动、承托物体的凭倚作用。桌台类家具是与人类工作方式、学习方式、生活方式直接发生关联的家具，在高低宽窄的造型上必须与坐卧类家具配套设计，具有一定的尺寸要求。桌类较高、几类较矮，桌类有写字桌、会议桌、课桌、餐桌、柜台、试验台、电脑桌、游戏桌等，几类有茶几、条几、花几、炕几等。

**3. 贮存类家具**

第3类为与人体有间接关系，起着贮存物品作用的贮存类家具，如橱、柜、架、箱等。橱柜类家具也称为贮藏家具，贮藏家具虽然不与人体发生直接接触，但在设计上必须适应人体活动的范围以制定尺寸和造型。此外，电视音响、工艺精品、书籍杂志的收纳等功能构成了现代住宅的多功能组合柜。

**4. 屏风与隔断类**

第4类为与人体关系更加间接的，起装饰作用的屏风与隔断类。屏风与隔断兼具有分隔空间和丰富变化空间的作用。随着现代新材料和新工艺的不断涌现，屏风和隔断已经从传统的绘画、工艺、雕屏发展为标准化部件组装、金属、玻璃、塑料、人造板材制造的现代屏风。

这4大类家具基本上囊括了人们生活及从事各项活动所需的家具。家具设计是一项创作活动，它必须依据人体尺度及使用要求，将技术与艺术诸要素加以完美结合。

## 4.4.2 人体工程学与家具设计

在家具设计中，对人体生理机能的研究，促使家具设计更具科学性。

**1. 座椅的设计**

人们日常生活的动作姿态中，坐与卧是生活中出现最多的动作姿态。工作、学习、用餐、休息等大多是在坐与卧的状态下进行的。因此座椅与人体生理机能关系的研究就显得特别重要。

（1）坐高

坐高是指座椅的坐面与地面的垂直距离。

坐高是影响坐姿舒适程度的重要因素之一。设计座椅高度时，就是以人的坐位（坐骨结节点）为基准点进行测量和设计，高度常定在390～420 mm。这是因为高度小于380 mm，人的膝盖就会拱起而引起不舒适的感觉，并且起立时显得困难；高度大于人体下肢长度500 mm时，体压分散至大腿部分，使大腿后侧受压，下腿易致肿胀。实践中，非常普遍地采用400 mm作为座椅高度。可能的话，采用可以调节坐高的座椅，以适应男女高矮不同的人使用。

（2）扶手高度

扶手的高度应与人体坐骨结节点到上臂自然下垂的肘下端的垂直距离相近。根据人体尺度，扶手上表面到椅面的垂直距离为200～250 mm。

（3）坐深

坐深主要是指座椅面的前沿至后沿的距离。坐深的深度对人体坐姿的舒适影响也很大。如坐面过深，超过大腿水平长度，坐者就不能靠背。一般情况下，坐深尺寸在380～420 mm。对于普通工作椅来说，坐深可以浅一点，而作为休息椅的坐深可设计得略为深一些。

（4）坐宽

坐宽即椅子坐面的宽度。坐宽应使臀部得到全部支撑并有适当的活动余地，便于人体坐姿的变换和调节。座椅的宽度以宽为好，一般坐宽不小于400 mm，对于有扶手的靠椅来说，要考虑人体手臂的扶靠，扶手的内宽应不小于470 mm。

（5）椅靠背

椅子靠背的作用是使躯干得到充分的支撑，特别是人体腰椎（压力强度最大部分）获得舒适的支撑，因此椅子靠背的形状基本上与人体坐姿时的脊椎形状相吻合。靠背的高度一般上沿不宜高于肩胛骨。对于专供操作的工作用椅，椅靠背要低，一般支撑位置在上腰凹部第二腰椎处。

（6）坐面倾斜度和靠背倾斜度

从人体坐姿及其动作的关系分析，人在休息时，人的坐姿是向后略倾靠，使腰椎有所承托。因此一般坐面设计成坐面与水平面夹角为 14 度，相应的椅子靠背与水平面夹角为 120 度，如图 4－11 所示。

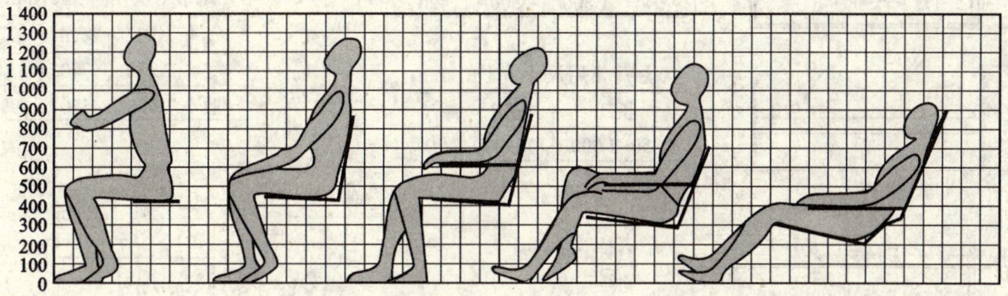


**图 4－11　椅子的坐高和靠背的倾斜度（单位：mm）**

**2. 床的设计**

人的一生大致有 1/3 的时间在床上，因而供人睡眠休息的床的设计就非常重要。床的基本要求是使人躺在床上能感觉舒适，易于入眠，以达到消除一天的疲劳、恢复体力的目的。

（1）床宽

床的宽窄并不像其他家具那样以人的外轮廓尺寸为准。人在睡眠时身体活动空间大于身体本身，同时床的宽度与睡眠深度有一定关联性。根据居室的实际情况，单人床的宽度最窄为 700 mm，一般宽度为 900 mm，1 050 mm，1 200 mm；双人床的宽度为 1 350 mm，1 500 mm，1 800 mm，2 000 mm。

（2）床长

考虑到人躺下时肢体的伸展，所以床的长度应以较高的人体作为标准进行设计，再加上头顶和脚下的部分空余空间。单人床长度一般为 1 800 mm，1 860 mm，2 000 mm，2 100 mm；双人床长度一般为 1 800 mm，1 850 mm，1 920 mm，2 000 mm，2 100 mm。图 4－12 所示为床的尺寸。

（3）床高

床高即床面距地面的高度。床具有坐卧两种功能，除了睡眠，另外还要考虑到人可能坐在床边穿衣裤、穿鞋等动作，一般床高在 400～500 mm。双层床的层间净高必须保证下铺使用者在就寝和起床时有足够的动作空间，双层床的下铺铺面离地面高度不大于 420 mm，层间净高不小于 1 020 mm。

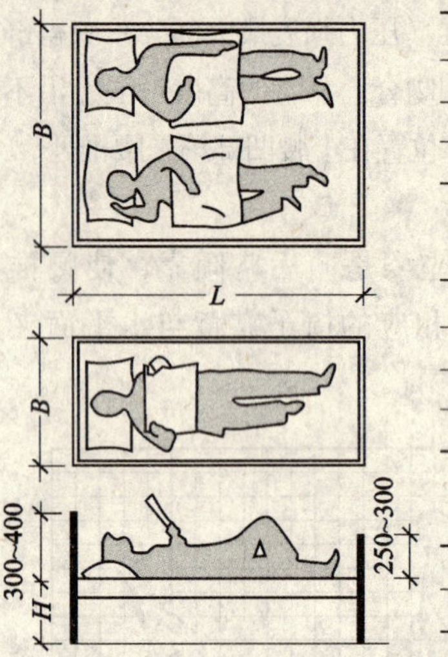


双人床常用尺寸(单位：mm)

| | 长L | 宽B | 高H |
|---|---|---|---|
| 大 | 2 000 | 1 500 | 480 |
| 中 | 1 920 | 1 350 | 440 |
| 小 | 1 850 | 1 250 | 420 |

单人床常用尺寸(单位：mm)

| | 长L | 宽B | 高H |
|---|---|---|---|
| 大 | 2 000 | 1 000 | 480 |
| 中 | 1 860 | 900 | 440 |
| 小 | 1 800 | 800 | 420 |

双层床常用尺寸(单位：mm)

| 长L | 宽B | 高H |
|---|---|---|
| 1 850~2 000 | 700~900 | 420 |

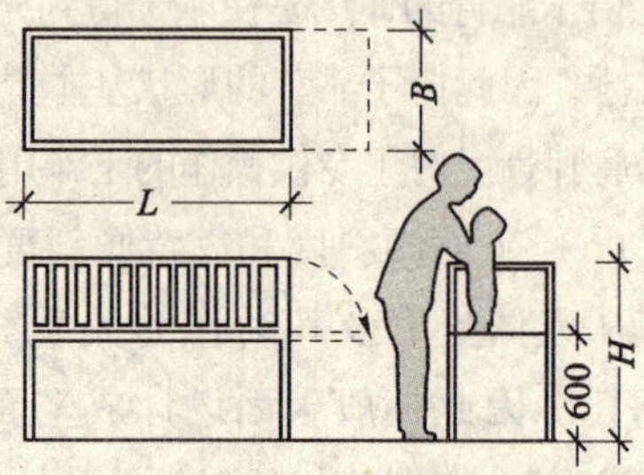


小儿床常用尺寸(单位：mm)

| | 长L | 宽B | 高H |
|---|---|---|---|
| 大 | 1 250 | 700 | 1 100 |
| 一般 | 1 000 | 550 | 900 |

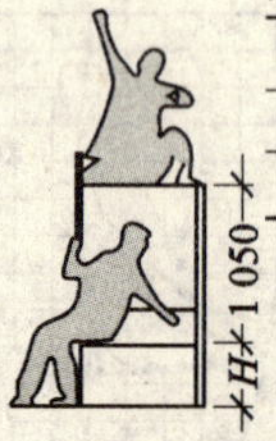


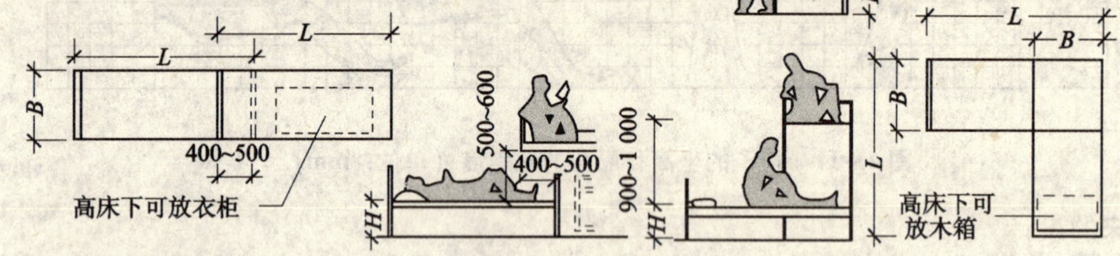


图 4－12　床的尺寸

**3. 桌子的设计**

桌子是人们工作和生活所必需的辅助性家具。如就餐用的餐桌、看书写字用的写字桌、学生上课用的课桌、制图桌等。这类家具的基本功能是适应人坐、立状态，为人们进行各种活动时提供相应的辅助，这类家具与人体动作直接相关。

以下介绍坐式用桌的基本尺寸。

（1）高度

正确的桌高应该与凳椅面高度保持一定的尺度配合关系。桌高的合理设计方法是应先有坐高，然后再加按照人体坐高尺寸确定的桌子面与椅子面的高度差，即：

桌高＝坐高＋桌椅高差（坐姿时上身身高的 1/3）

根据人体不同使用情况，椅面与桌面的高差值可有适当的变化。如书写用的桌面，高差等于 1/3 坐姿上身高减 20～30 mm，学校中的课桌与椅子坐面的高差等于 1/3 坐姿上身高减 10 mm。根据实践总结：办公桌高度一般为 700～800 mm，中餐桌高度为 750～780 mm，西式餐桌高度略低，大约为 680～720 mm。

（2）桌面尺寸

桌面的宽度和深度应以人坐姿时，手可达到的水平范围，以及桌面可能置放物品的类型为依据。对于阅览桌、绘图类的桌面，最好有约 15 度以上的倾斜，以使人获得舒适的视域和保持人体正确的坐姿。双柜写字台宽一般为 1 200 ~ 1 400 mm，深为 600 ~ 750 mm；单柜写字台宽为 900 ~ 1 200 mm，深为 510 ~ 600 mm。餐桌与会议桌的桌面尺寸以人均占周边长为标准进行设计。一般人均占桌子周边长为 550 ~ 580 mm，较舒适的长度为 600 ~ 750 mm。

（3）桌面下的净空尺寸

桌面下的净空高度应高于双腿交叉叠起的膝高，并使膝上部留有一定的活动余地。桌子下的空间净高应大于 580 mm，净宽大于 520 mm。如有抽屉的桌子，桌子抽屉下沿距离椅子坐面至少应有 172 ~ 150 mm 的净空。

**4. 贮存性家具设计**

贮存性家具是收藏、陈列日常生活中的器物、衣物、消费品、书籍等的家具。根据存放物品的不同，贮存性家具可分为柜类和架类两种。柜类贮存方式的家具主要有衣柜、壁柜、被褥柜、书柜、床头柜、陈列柜、酒柜等；而架类贮存方式的家具主要有书架、食品架、陈列架、衣帽架等。贮存类家具的功能设计必须考虑人与物两方面的关系：首先，要求贮存空间划分合理，贮存数量充分，满足存放需求；其次，要求贮存性家具大小合理，与建筑室内空间相配。

为了正确确定柜、架、隔板的高度及合理分配空间，首先必须了解人体所能伸及的动作范围。图 4 – 13 和图 4 – 14 是橱柜隔板尺寸和以我国成年妇女为例的动作活动范围。

图 4 – 13 橱柜隔板尺寸（单位：mm）

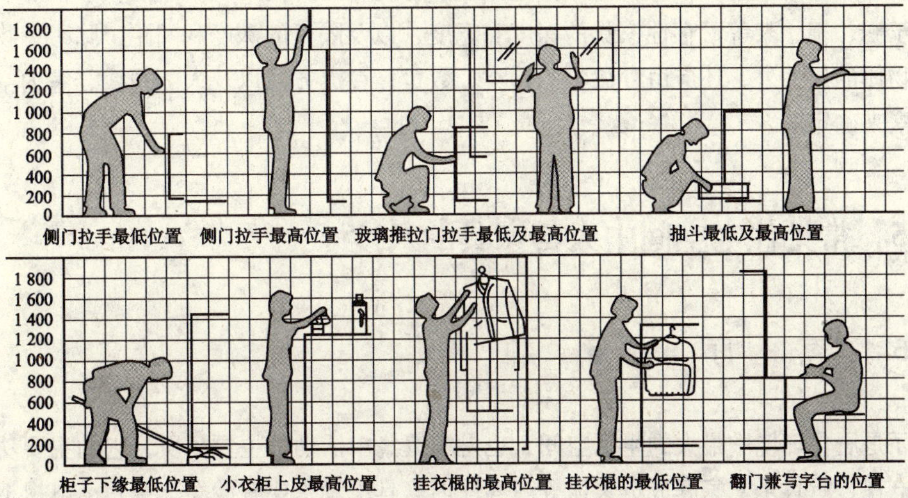


图 4 – 14 以我国成年妇女为例，其动作活动范围和橱柜尺寸（单位：mm）

橱柜应适应女性尺寸，柜高一般在1 800 mm。在1 800 mm以下的范围内，根据人体动作行为和使用的舒适性及方便性，可再划分为两个区域。第一区域高度定在650～1 800 mm，是存取物品最方便、使用频率最多的区域，也是人的视线最易看到的视域。第二区域为650 mm以下的区域，该区域存贮不便，人必须蹲下操作，一般存放较重而不常用的物品。若需扩大贮存空间，节约占地面积，则可设置第三区域，即橱柜的1 800 mm以上的区域，这一区域一般存放较轻的过季性物品（如棉被等）。如表4－2为橱柜储存空间高度分区。

**表4－2 橱柜储存空间高度分区** mm

| 橱柜高度 | 储存区划分 | | | | | |
|---|---|---|---|---|---|---|
| | 被褥类 | 衣服类 | 餐具食品 | 书籍文具 | 观赏品 | 音响类 |
| 2 400～2 000 | 备用品 | 少用品、换季用品 | 备餐用品、换季食品 | 少用品、库存品 | 少用品、贵重品 | 少用品 |
| 1 800～1 600 | 客用被褥品、枕头 | 帽子 | 罐头 | 中小型物品 | 观赏品 | |
| 1 400～1 200 | 被褥毯子 | 常用衣服、领带等挂放 | 中小瓶类调味品、餐具、熟食 | 常用书籍 | 观赏品 | 电视 |
| 1 000～800 | | | | 文具 | 小型观赏品 | |
| 600～100 | | 折叠存放衣服、鞋类 | 大瓶饮料、大瓶调味品、炊具 | 大尺寸文具、合订书刊等 | 少用品 | 音像设备、功放 |

一般人的鞋的尺寸为180～250 mm，所以，鞋柜的深度在180～320 mm，常采用300 mm。

在上述贮存区域内，根据人体动作范围及贮存物品的种类可以设置隔板、抽屉、挂衣棍等。至于橱、柜、架等贮存性家具的深度和宽度，以及隔板的深度和间距，除考虑物品存放方式及物体的尺寸外，还应由存放物的种类、数量、存放方式以及人的视线、室内空间的布局等因素来确定。

## 4.5 常见住宅空间中人与家具的尺度

### 4.5.1 客 厅

客厅是居住环境中最大的生活空间，也是家庭集中活动的主要场所，它的主要功能是会客、看电视、听音乐、家庭成员聚谈等。客厅内家具配置主要有沙发、茶几、电视柜、酒柜及装饰品陈列柜等。

沙发是客厅的主要家具。一般单人沙发的宽度为860～1 010 mm，这个尺寸也是根据人的肩宽400 mm左右为基础，加点余量，算到500 mm左右，再加上左右两边沙发扶手大约共400 mm宽度而得到的。多人沙发宽度根据人数不等，大致可以根据人的肩膀宽尺寸乘以人数计算得到（见图4－15、图4－16、图4－17）。

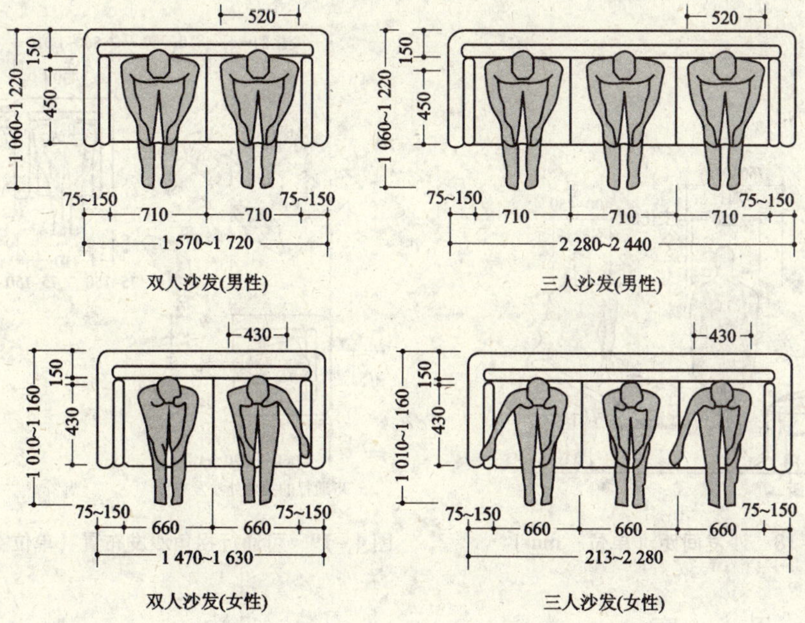


图4－15　人与沙发尺寸（单位：mm）

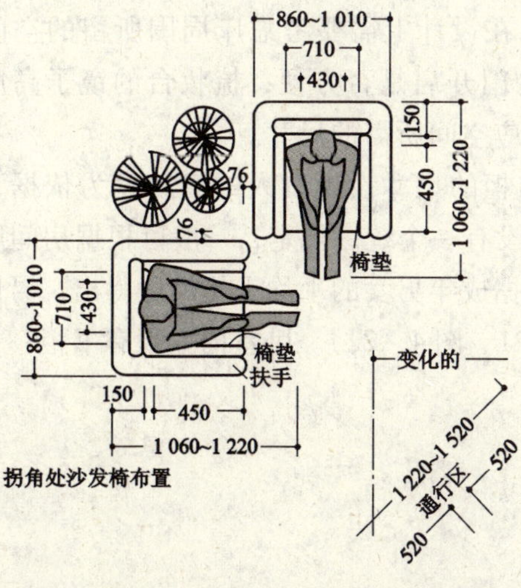


图4－16　对角沙发尺寸（单位：mm）

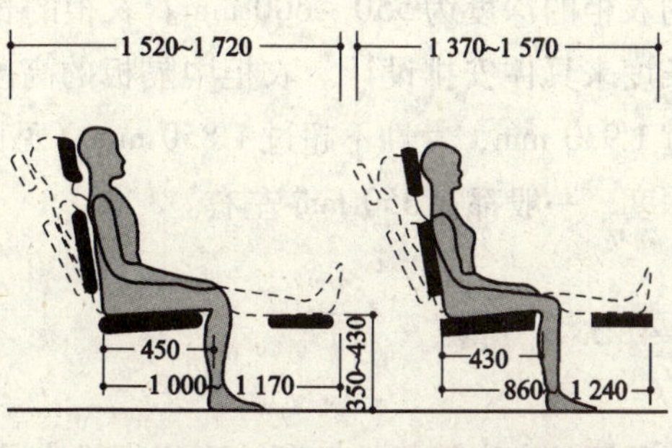


图4－17　躺椅尺寸（单位：mm）

茶几的尺寸基本根据沙发的尺寸和空间来安排大小。在客厅平面布置中还要考虑空调的位置，客厅内柜式空调有600～800 mm的宽度，深度范围在400～500 mm。

由于客厅具有多功能的使用性，以及面积大、活动多、人流导向相互交替等特点，因此在设计时应充分考虑环境空间的弹性利用。在家具配置设计时应合理安排，充分考虑预留人流线通道（见图4－18、图4－19）。

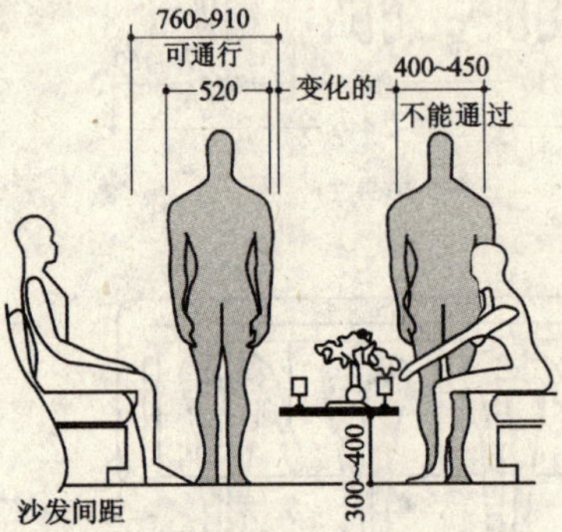


图4－18 沙发间距（单位：mm）

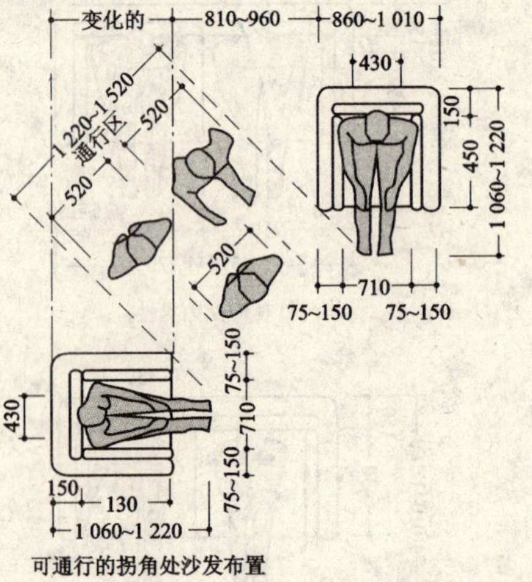


图4－19 可通行拐角沙发布置（单位：mm）

## 4.5.2 卧　室

卧室是人们休息的场所，床是卧室内主要的家具。卧室除床外，还有一定的卧室家具，如衣柜、梳妆台、床头柜、壁柜、壁橱等。在设计上需要考虑床周围所留的空间是否合理，人们打扫卫生和铺床是否方便，衣柜的门开启是否方便，梳妆台的镜子高度是否合适等。图4－20标示出了卧室内的家具及相应空间所需的尺寸。

衣柜的深度也是作设计时常涉及的尺寸。衣柜的尺寸设计以人的肩膀宽为依据，常见的衣柜的深度为550～600 mm。衣柜的长度，没有一个统一规定，一般可根据房间墙壁的长度来具体安排设计。衣柜中隔板的高度，根据成年男女的平均人体尺寸得出，男性不超过1 930 mm，女性不超过1 850 mm（见图4－21、图4－22）。卧室内如果有书柜，书柜的深度，一般都在350 mm左右。

## 4.5.3 餐　厅

餐厅是家庭就餐的场所，可根据整套住宅的大小设计就餐区。餐厅可以是一间单独房间，也可以是厨房边一个开放的区域。研究人体与餐厅之间的尺度关系时，主要研究餐桌尺寸和餐桌周围空间尺寸，设计时考虑餐厅人流的往来等活动范围。

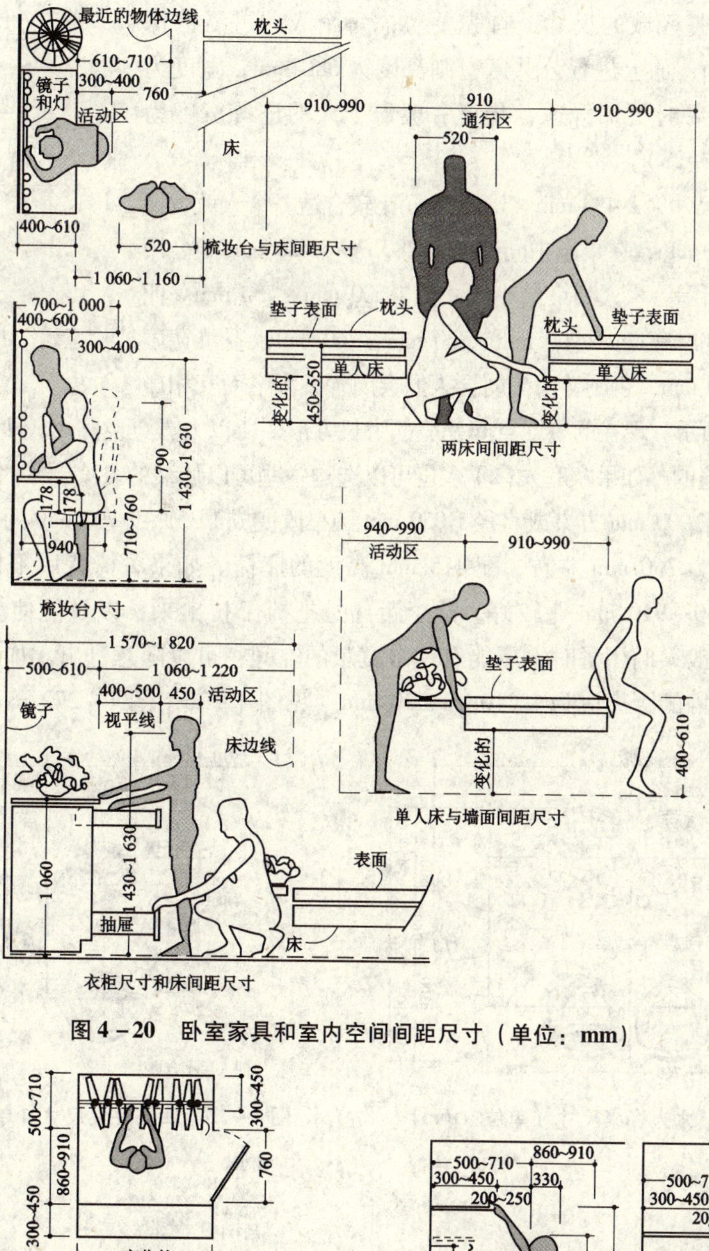


图 4-20 卧室家具和室内空间间距尺寸（单位：mm）

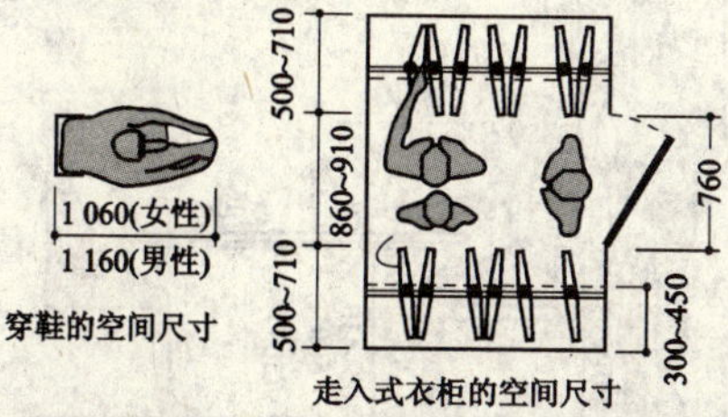


图 4-21 卧室内走入式衣柜尺寸（单位：mm）

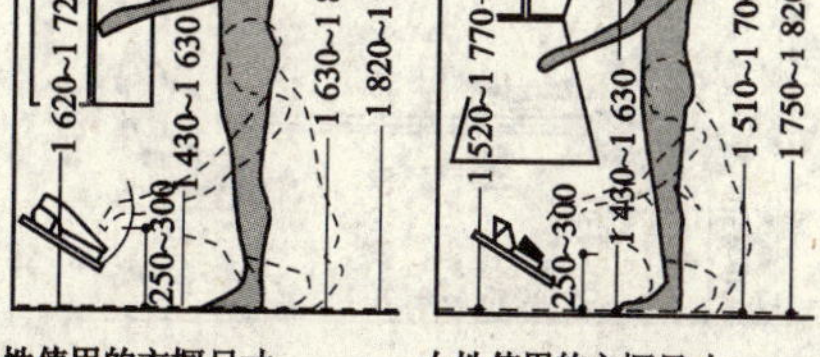


图 4-22 卧室男女衣柜尺寸（单位：mm）

计算餐厅就餐区域的尺寸，首先要考虑每个人的进餐区深度最少为450 mm，加上进餐公共区，则深度为680 mm，宽度为520 mm。为了进餐时更加舒适，建议一般每个人的进餐宽度为760 mm（见图4－23）。

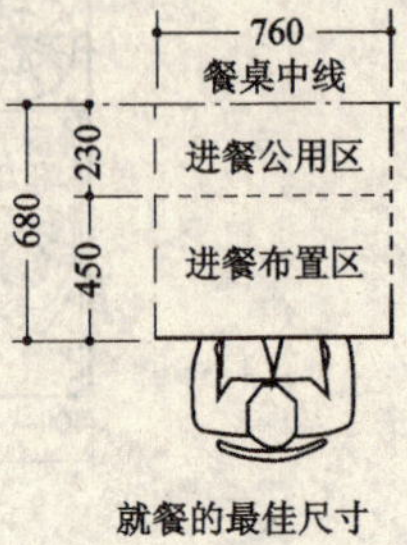


就餐的最佳尺寸

图4－23 个人就餐区域尺寸（单位：mm）

六人餐桌的尺寸为2 430 mm×1 360 mm比较合适，个人就餐区域为540 mm×520 mm，在桌子中间有一个280 mm×520 mm的公用区，如图4－24所示。六人餐桌最小尺寸为1 500 mm×750 mm。四人方桌尺寸一般为900 mm×900 mm，760 mm×760 mm，餐桌宽度最小不宜小于700 mm，否则，对坐时会人们会因餐桌太窄而互相碰脚，如图4－25所示。现在的餐厅空间一般都为长方形，所以大方桌及圆桌较少使用，长方形的六人餐桌是最普遍的。如果家庭人口不多也可以选购一些可以伸缩的餐桌，平时占面积很少。伸展式餐桌可由一张900 mm方桌或直径1 050 mm圆桌改变成1 350～1 700 mm的长桌或椭圆桌。

餐桌高一般为760 mm左右，配415 mm高度的座椅。如果餐椅背后不作通行，则餐桌离墙的距离为760～910 mm比较好。这个距离是把椅子拉出来，以及能使就餐者方便活动的最小距离。一般人们用餐时希望能有一个宽敞的空间，可以随意进出。如果餐椅背后需要通行，则餐桌离墙的距离应为1 210～1 520 mm（见图4－26、图4－27）。

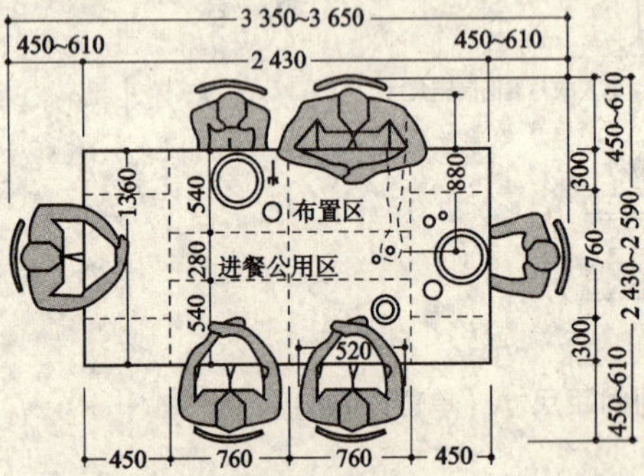


图4－24 六人餐桌尺寸（单位：mm）

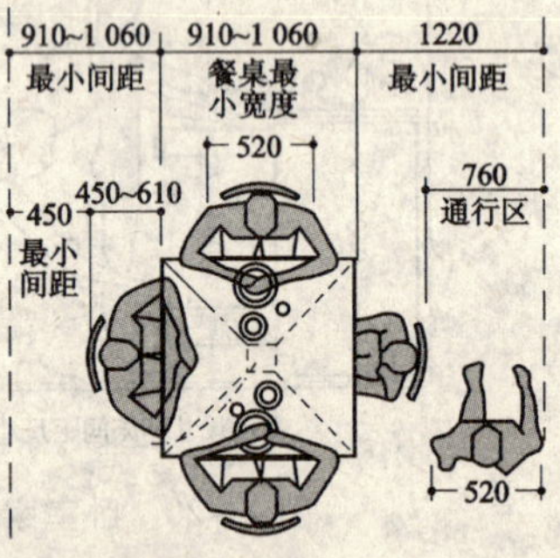


四人用小方桌

图4－25 四人餐桌尺寸（单位：mm）

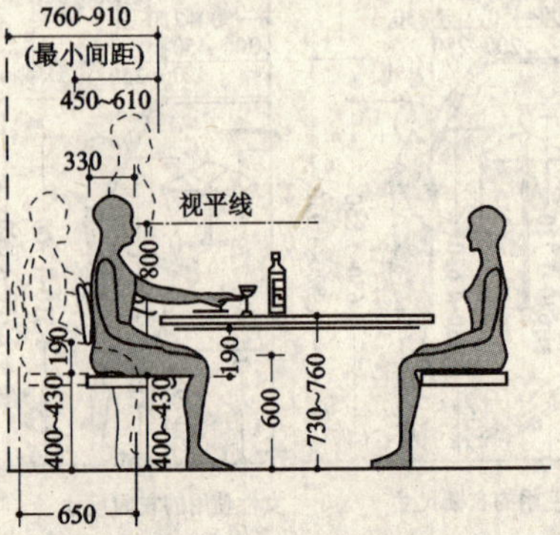


图4－26 椅后不可通行，椅子离墙间距（单位：mm）

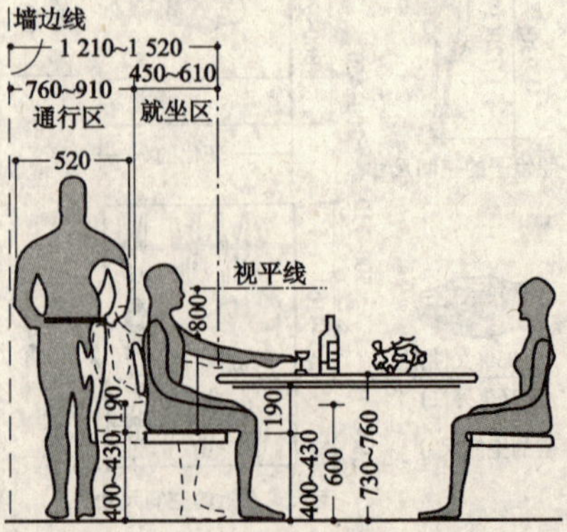


图4－27 椅后可以通行，椅子离墙间距（单位：mm）

## 4.5.4 厨　房

厨房是家庭生活中一日三餐的洗切、烹饪、备餐以及用餐后的洗涤餐具与整理的主要场所。人们在这个空间中是站立工作，所有家具设施需要依据这个尺度进行设计。

厨房设计时，设施、用具的布置应充分考虑人体工程学对人体尺度、动作域及操作效率的研究数据，还要考虑设施操作中前后左右的顺序和上下高度的合理配置。厨房内操作的基本顺序为：洗涤→配制→烹饪→备餐，各环节之间按顺序排列，相互之间的距离以 450 ~ 600 mm 操作时，省时方便。

图 4 - 28 是冰箱在厨房内的立面尺寸图。冰箱的最舒适存取区为 880 ~ 1 500 mm，650 mm 以下为下蹲存取区。

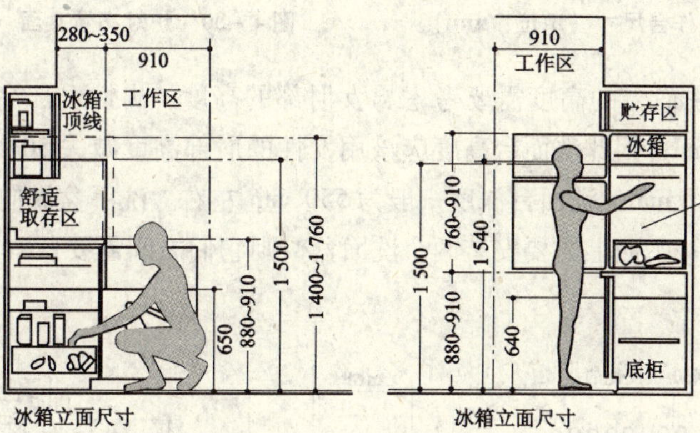


图 4 - 28　冰箱立面布置（单位：mm）

图 4 - 29 是调制备餐区的布置，操作台面高度根据人体的身高设定，大致为操作台面高 800 ~ 850 mm。操作台面宽度设定为 1 060 mm，人的有效控制区宽度为 760 mm，深度为 450 mm。

图 4 - 30 为炉灶的设计，放双眼灶的炉灶台面高度为 890 ~ 920 mm，宽度一般为 600 mm，橱柜的高度以适合最常使用厨房者的身高为宜，工作台面与吊柜底的距离约需 500 ~ 610 mm。吊柜的隔板垂直有效高度为男性 1 930 mm，女性 1 820 mm，吊柜门的门柄要方便最常使用者的高度，而方便取存的地方最好用来放置常用品。

## 4.5.5 卫生间

卫生间是家庭中处理个人卫生的空间，它与卧室的位置应靠近，且同样具有较高的私密性。卫生间设计应综合考虑盥洗、沐浴、如厕 3 种功能的使用，综合考虑整体淋浴房、洗面台、坐便器等主要卫生洁具的设置和使用。小面积住宅常把浴厕盥洗置于一室。标准较高的住宅也可采用浴厕间单独分隔开的布局。

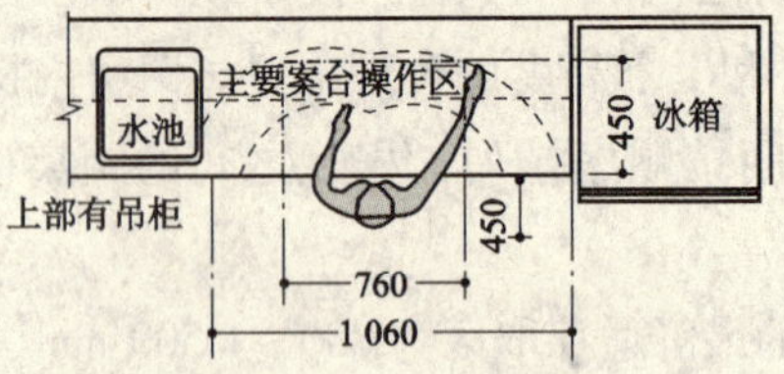


操作台面的尺寸

图 4－29　厨房操作台尺寸（单位：mm）

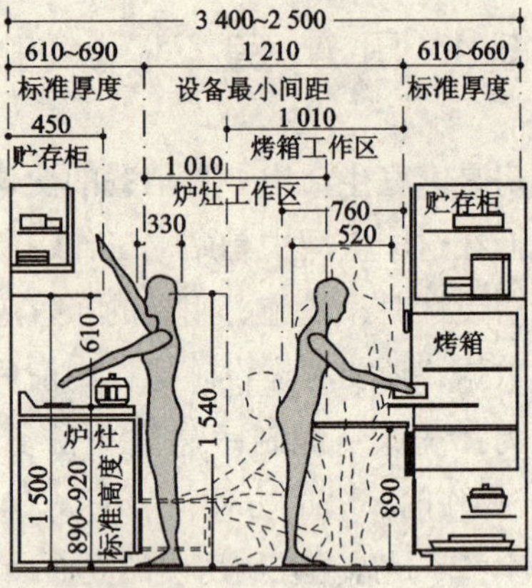


厨房炉灶立面尺寸

图 4－30　炉灶布置立面（单位：mm）

在盥洗空间里，洗面台的高度需要考虑男女肘部的高度，男性肘部高度为 1 040 mm，女性肘部高度为 980 mm，因此洗面台高度应该用女性的肘部高度减去 50 ~ 80 mm，洗面台的高度大约在 810 ~ 910 mm，洗面台深度一般为 550 mm 左右。洗手盆纵向中线距墙间距不少于 360 mm，如果同一平面上需要安装两个洗面盆，则它们之间需要留有 350 ~ 400 mm 的间距（见图 4－31）。

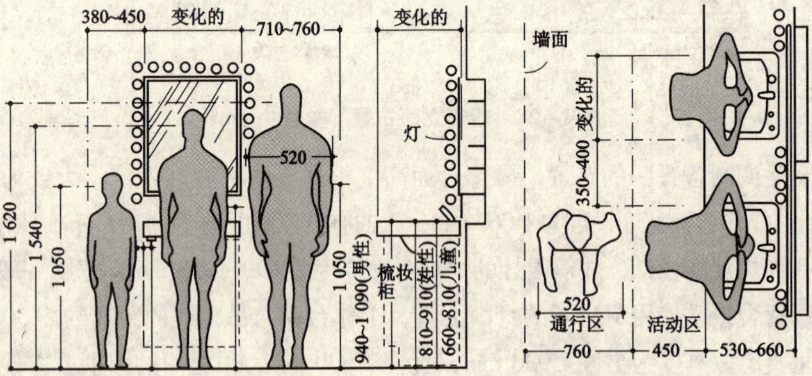


洗面盆立面尺寸　　洗面盆平面尺寸和间距

图 4－31　洗面台尺寸（单位：mm）

淋浴空间中淋浴间宜靠墙角设置。淋浴间范围最小尺寸为 1 370 mm，其中 300 mm 为人坐位宽度，1 070 mm 为洗浴活动区域（见图 4－32）。安装浴盆应该按照卫生间大小来选择不同型号浴盆（见图 4－33）。

如厕空间中，抽水马桶纵向中线距墙间距应不少于 380 mm，前端线距墙间距不少于 610 mm（见图 4－34）。

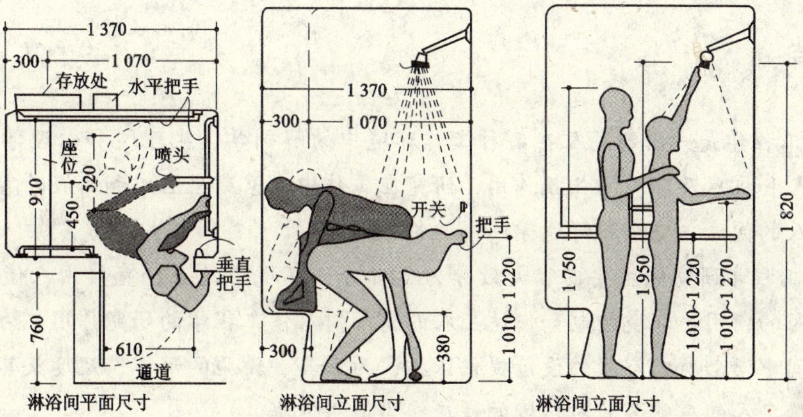


图 4－32 淋浴空间尺寸（单位：mm）

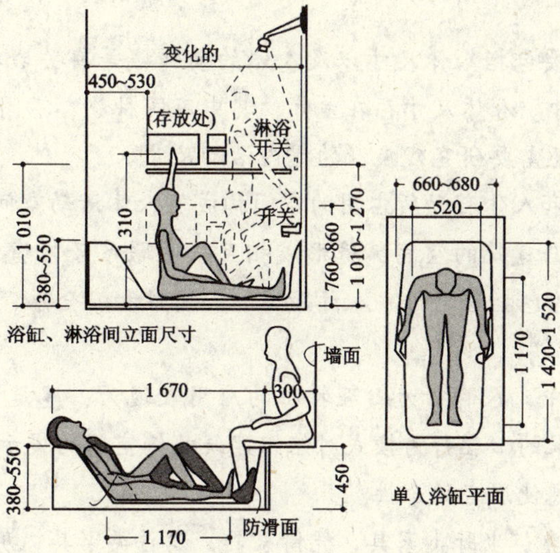


图 4－33 浴盆空间尺寸（单位：mm）

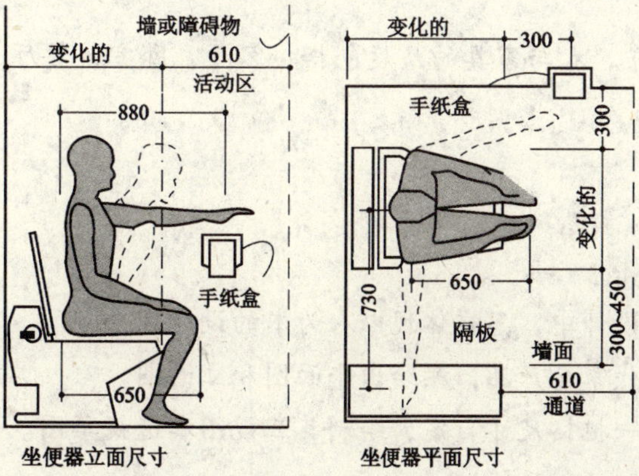


图 4－34 坐便器空间尺寸（单位：mm）

## 小　结

1. 人体工程学是一门研究人在某种工作环境中的解剖学、生理学和心理学等各方面的因素，研究人和机器及环境的相互作用，研究在工作中、家庭生活中和休假时怎样统一考虑工作效率、人的健康、安全和舒适等问题的科学。

2. 人体工程学研究的主要内容大致分为3部分：环境中的人；直接由人使用的机械部分如何适应人的使用；环境控制如何适应人的需求。人体工程学的研究作用：为人和人际在建筑装饰空间中活动所需空间的设计提供依据；为家具、设施的形体、尺度及其使用范围提供依据；为确定人的感觉器官对环境的适应能力提供依据。

3. 人体工程学以“人－机－环境”关系为研究对象，以实测、统计、分析为基本的研究方法。

4. 人体基本尺度主要包括人体尺寸以及人体的动作域等有关数据。人体尺寸包括人体构造尺寸和人体功能尺寸。人体尺寸存在差异，其中不同种族、不同年龄和不同性别的人群尺寸存在差异。同时，还需要研究残疾人的室内活动尺寸。

5. 人体姿势的变换和人体移动所占用的空间构成了人体活动空间。

6. 人的心理和行为与建筑的空间环境形成相互紧密联系又紧密影响的关系。与建筑装饰相关的人的心理和行为包括领域性、人际距离、私密性和安全感、从众与趋光心理、空间形状的心理感受。

7. 在建筑装饰设计中，人的行为心理特征的应用表现为：建筑装饰设计应符合人们的行为模式和心理特征；人的心理行为模式对组织建筑装饰空间的提示作用；建筑装饰环境设计既要考虑共性又要考虑使用者的个性。

8. 家具划分成4大类：坐卧类家具，凭倚家具，贮存类家具，屏风与隔断类。

9. 人体工程学与家具设计包括：座椅的设计，床的设计，桌子的设计，贮存性家具设计。

10. 常见住宅空间中，人与家具的尺度包括：客厅、卧室、餐厅、厨房、卫生间中人与家具的尺度。

## 思考题

4－1　在建筑装饰设计中，怎样体现以人为本的设计理念？

4－2　选取一件现代家具产品，测绘出平面图和立面图。

4－3　设计沙发椅一把，尺寸自定，绘制其三视图和透视草图。

# 附 录

在装饰工程设计时，必然要考虑室内空间、家具陈设等与人体尺度的关系问题，为了方便装饰设计，这里介绍一些常用的尺寸数据。

1. 墙面尺寸

（1）踢脚板高：80 ~ 200 mm。

（2）墙裙高：800 ~ 1 500 mm。

（3）挂镜线高：1 600 ~ 1 800 mm（画中心距地面高度）。

2. 餐厅

（1）餐桌高：720 ~ 790 mm。

（2）餐椅高：415 ~ 450 mm。

（3）圆桌直径：二人 850 mm，四人 1 050 mm，六人 1 100 ~ 1 250 mm，八人 1 300 mm，十人 1 500 mm，十二人 1 800 mm。

（4）长方餐桌尺寸：二人 700 mm × 850 mm，四人 1 200 mm × 750 mm，八人 2 250 mm × 850 mm。

（5）餐桌转盘直径：700 ~ 800 mm。

（6）餐桌间距：（其中座椅占 500 mm）应大于 500 mm。

（7）主通道宽：1 200 ~ 1 300 mm。

（8）内部工作道宽：600 ~ 900 mm。

（9）酒吧台：高 900 ~ 1 050 mm，宽 500 mm。

（10）酒吧凳高：600 ~ 750 mm。

3. 商场营业厅

（1）单边双人走道宽：1 600 mm。

（2）双边双人走道宽：2 000 mm。

（3）双边三人走道宽：2 300 mm。

（4）双边四人走道宽：3 000 mm。

（5）营业员柜台走道宽：800 mm。

（6）营业员货柜台：厚 600 mm，高 800 ~ 1 000 mm。

（7）单背立货架：厚 300 ~ 500 mm，高 1 800 ~ 2 300 mm。

（8）双背立货架：厚 600 ~ 800 mm，高 1 800 ~ 2 300 mm。

（9）小商品橱窗：厚 500 ~ 8 00 mm，高 400 ~ 1 200 mm。

（10）陈列地台高：400 ~ 800 mm。

（11）敞开式货架高：400 ~ 600 mm。

（12）放射式售货架：直径 2 000 mm。

（13）收款台：长 1 600 mm，宽 600 mm。

4. 饭店客房

（1）标准面积：大 25 $m^2$，中 16 ~ 18 $m^2$，小 16 $m^2$。

（2）床：高 400 ~ 450 mm，宽 1 100 ~ 1 800 mm。

（3）床头柜：高 500 ~ 700 mm，宽 500 ~ 800 mm。

（4）写字台：长 1 100 ~ 1 500 mm，宽 450 ~ 600 mm，高 700 ~ 750 mm。

（5）行李台：长 910 ~ 1 070 mm，宽 500 mm，高 400 mm。

（6）衣柜：宽 800 ~ 1 200 mm，高 1 600 ~ 2 000 mm，深 500 mm。

（7）沙发：宽 600 ~ 800 mm，高 350 ~ 400 mm，背高 1 000 mm。

（8）衣架高：1 700 ~ 1 900 mm。

5. 卫生间

（1）卫生间面积：3 ~ 5 $m^2$。

（2）浴缸：长度一般有 3 种 1 220 mm，1 520 mm，1 680 mm；宽 720 mm，高 450 mm。

（3）坐便器：750 mm × 350 mm。

（4）冲洗器：690 mm × 350 mm。

（5）盥洗盆：550 mm × 410 mm。

（6）淋浴器高：2 100 mm。

（7）梳妆台：长 1 350 mm，宽 450 mm。

6. 交通空间

（1）楼梯间休息平台净空：等于或大于 2 100 mm。

（2）楼梯跑道净空：等于或大于 2 300 mm。

（3）客房走廊高：等于或大于 2 400 mm。

（4）两侧设座的综合式走廊宽度：等于或大于 2 500 mm。

（5）楼梯扶手高：850 ~ 1 100 mm。

（6）门的常用尺寸：宽 850 ~ 1 000 mm。

（7）窗的常用尺寸：宽 400 ~ 1 800 mm（不包括组合式窗）。

（8）窗台高：800 ~ 1 200 mm。

7. 灯具

（1）大吊灯最小高度：2 400 mm。

（2）壁灯高：1 500 ~ 1 800 mm。

（3）反光灯槽最小直径：等于或大于灯管直径两倍。

（4）壁式床头灯高：1 200 ~ 1 400 mm。

（5）照明开关高：1 000 mm。

8. 办公家具

（1）办公桌：长 1 200 ~ 1 600 mm，宽 500 ~ 650 mm，高 700 ~ 800 mm。

（2）办公椅：高 400～450 mm，长×宽 450 mm×450 mm。

（3）沙发：宽 600～800 mm，高 350～400 mm，背面 1 000 mm。

（4）茶几：前置型，900 mm×400 mm×400 mm（高）；中心型，900 mm×900 mm×400 mm，700 mm×700 mm×400 mm；左右型，600 mm×400 mm×400 mm。

（5）书柜：高 1 800 mm，宽 1 200～1 500 mm，深 450～500 mm。

（6）书架：高 1 800 mm，宽 1 000～1 300 mm，深 350～450 mm。

**进一步阅读推荐书目**

来增祥．室内设计原理．2 版．北京：中国建筑工业出版社，2004.

张月．室内人体工程学．2 版．北京：中国建筑工业出版社，2005.

张绮曼．室内设计资料集．1 版．北京：中国建筑工业出版社，1991.

# 5 建筑装饰设计方法入门

## 学习目标

1. 掌握建筑装饰设计图面作业的程序。
2. 熟悉建筑装饰设计思维方式，建筑装饰设计的项目实施程序的几个步骤。
3. 了解建筑装饰设计的分类。

## 学习重点

1. 建筑装饰设计分类。
2. 建筑装饰设计思维方式：系统思维、综合思维、创造性思维和图示思维。
3. 建筑装饰设计的项目实施程序的几个步骤，装饰设计图面作业的程序。

## 5.1 建筑装饰设计的分类

### 5.1.1 建筑装饰设计的分类

室内设计是一门实践性非常强的学科，拿到建筑装饰设计项目以后，设计者需要了解自己的任务属于哪种类型的建筑装饰设计。对不同类别室内环境，其使用性质不同，空间的“功能定位”不同，建筑装饰设计的风格、材料、色彩和经济预算等也随之各异。例如，普通住宅的装饰设计和宾馆旅店的装饰设计，即使不考虑装修费用，因为其功能定位的不同，设计也有所区别。

建筑装饰设计的类型依据建筑性质和使用功能的不同，可分为 4 大类。

**1. 居住类建筑室内设计**

居住类建筑是人们生活的重要空间，它关注的是体现人们个性化的生活理念，创造一个科学、舒适的居住环境，最大限度地提高人们的生活质量。居住类建筑包括住宅、公寓、宿舍。

**2. 公共建筑类室内设计**

公共建筑类是提供人们进行各种社会活动所需要的公共活动空间，其中包括：

（1）办公建筑：机关、企事业单位办公楼等。

（2）文教建筑：学校、图书馆、文化馆等。

（3）托教建筑：托儿所、幼儿园等。

（4）科研建筑：研究所、科学实验楼等。

（5）医疗建筑：医院、门诊部、疗养院等。

（6）商业建筑：商店、商场、购物中心、饮食店等。

（7）观演建筑：电影院、剧院、音乐厅、杂技场、游艺场等。

（8）体育建筑：体育馆、体育场、健身房、游泳池等。

（9）旅游建筑：旅馆、宾馆、酒店、招待所等。

（10）交通建筑：航空港、水路客运站、火车站、汽车站、地铁站等。

（11）展览建筑：美术馆、展览馆、博物馆等。

（12）园林建筑：公园、动物园、植物园、城市园景、亭台楼榭等。

（13）纪念建筑：纪念堂、纪念碑、陵园等。

**3. 工业建筑类室内设计**

工业建筑类是指为工业生产服务的各类建筑的室内空间，如生产车间、辅助车间、动力用房、仓储等。

**4. 农业建筑类室内设计**

农业建筑类是指用于农业、牧业生产和加工用的建筑室内空间，如温室、畜禽饲养场、粮食与饲料加工站、农机修理站等。

虽然不同类型的建筑之间，有一些使用功能基本相同的室内空间，例如门厅、过厅、电梯厅、中庭、盥洗间、浴厕，以及一般功能的门卫室、办公室、会议室、接待室等，但是在装饰设计中，这些室内空间的规模、标准和相应的使用有不少差异，需要具体分析，从而进行不同的设计。

由于室内空间使用功能的性质和特点不同，各类建筑主要房间的室内设计对文化艺术和装饰工艺等方面的要求，也各自有所侧重。例如，对纪念性建筑和宗教建筑更侧重于其纪念性、艺术性、文化性；而工业、农业等生产性建筑的车间和用房，则对交通流线以及室内环境系统更加看重。

## 5.1.2 建筑装饰设计的特征

建筑装饰设计是以建筑空间为基础，以使用功能为依据，承担着赋予建筑物和它的空间环境以生命和使用价值的作用。建筑装饰设计是在建筑单元之中，将科学技术和人文理念集中、具体地反映，它主导着建筑空间的二度创造。建筑装饰设计在设计领域中构成了其特有的设计特征，这种特征表现为：

**1. 生活性**

狭义的建筑装饰设计，是指人们对建筑室内空间的界面及构造进行装修装饰。广义的建筑装饰设计则是指人们通过科学的手段，运用现代的技术，融合感性的人文理念对工作和生活环境进行创造的过程。建筑装饰设计的本质意义是进行周密的生活环境的设计。因为相对于外部空间，建筑室内环境跟人们的生活和行为更加密切，因此建筑装饰设计要求适应现代生活的秩序，适应人的高水平生活的要求。为达到高水平的生活要求，就需要创造良好的环境条件，如对色彩、光线、温度、湿度、声音等软环境的要素的设计思考，从而满足人们生理上的舒适性。同时创造合适的建筑室内环境气氛和人文理念的生活环境，让人们的精神生活得到满足。

**2. 多学科综合性**

建筑装饰设计是一个以科学为构造基础、以艺术为表现形式的内部空间的理性创造过程。建筑装饰设计是时间和空间的融合，是感性和理性的交织，它从构思到方案的确定既有科学的理性思考，又有形象的感性思维方式的艺术处理，是科学与艺术的完美统一。建筑装饰设计是一门复杂的综合学科，涵盖了设计中的功能、环境、材料技术、工程技术应用等方面以及建筑形态的表达等内容。在技术上，建筑装饰设计涉及建筑学、人体工程学、结构工程学、材料学、装饰构造及施工、采暖与空调、给排水、电气与照明、声学等各个方面；从社会、艺术角度来说，建筑装饰设计涉及社会学、民俗学、环境美学、色彩学、造型处理、表现手法等方面。

## 5.2 建筑装饰设计的思维方式

在建筑装饰中，设计者会涉及多种思维方式，其中系统思维、综合思维、创造性思维和图示思维是几个主要的思维方式。

### 5.2.1 系统思维

建筑装饰设计本身是一套大系统，它包括形体、色彩、光照、质感、温湿等各个子系统。在进行建筑装饰设计时需要运用系统的方法思考问题，辩证地处理部分与整体、空间与环境、功能与美感的关系，找到最优化的方案。系统思维方式包含两个基本方法：系统分析方法和系统综合方法。

**1. 系统分析方法**

系统分析方法是指在建筑装饰设计中，把整体项目分解为若干个子系统，根据各个部分的设计要求从整体出发，有目的、分步骤地完成若干方案，然后再作系统综合，从中选择最佳方案进行系统整合设计，最后完成设计目标。例如，在别墅装饰设计中，构成别墅的各个空间都可以成为一个子系统，研究每一个子系统，从整体和功能的关系的角度设计出每个空间方案，然后再作整体综合。

在作系统分析时，要注意以下几个问题：

（1）要全面分析，根据设计师的经验和装饰规范的要求，设计师应考虑到任务书上未提及的隐性需求。例如，住宅设计中的储藏空间、公共空间设计中的消防疏散空间等。如果在公共空间中忽略了消防疏散空间，在实际使用中将会出现较大安全隐患。

（2）要理清各个子系统之间的关系以及子系统与大系统之间的关系。例如，在餐厅设计中，一般顾客的就餐区和厨房制作、辅助部分成为两个系统，在顾客区应考虑顾客的等候、迎宾领位、顾客就餐、如厕等功能，在厨房制作服务区应考虑烹制、备餐、洗涤储藏、管理、员工休息等功能。这两个系统应避免相互干扰，两股人流尽量不要交叉。

（3）要注意在设计中应重点突出，对于系统分析，不应完全平均对待，而是应为了求得解决问题的最优方案，对某些子系统进行重点分析。例如，在餐厅设计中，应重点设计顾客就餐区这个子系统，重点解决就餐区域的流线设计和空间界面设计问题。

**2. 系统综合方法**

系统综合方法是对所设计的各个方案的利弊进行分析，最终选择最佳方案的过程。在设计中各个子系统要达到的目标很多，有时各个目标之间又是相互矛盾的。例如，餐厅的就餐座位的数量增多虽能提高经营者的效益，但是放置过多的座位，每位顾客的就餐面积减少，就餐的舒适性就会降低。这两者相互矛盾，需要设计者找到一个合适的平衡点，对比多个方案找出最佳方案。

为了能更好地系统评价，各个备选方案要突出方案的个性特点和创新意识。在系统评价中最终选择的方案有时并不一定就是完美的方案，紧接着需要对被选择的方案进行进一步的完善，把其他淘汰方案的优势和长处，再综合地运用到最终方案优化中。

系统思维方法着眼于以整体全局的观点思考问题。在设计中任何一个局部的要素和细节都是整体的一部分。例如，单独的家具配置关系到室内家具风格的统一，也关系到整体空间的形体线条、色调、质感的统一关系。因此，设计者不能孤立片面地处理局部设计问题。

### 5.2.2 综合思维

建筑装饰设计是艺术与科学技术相结合的学科，用单一的思维模式不能解决复杂的设计问题，而是要运用综合思维，即艺术的形象思维和科学的逻辑思维两者兼而有之。

形象思维是以审美感知为起点，经过联想、想象和幻想，借助具体的形象来展开的思维过程。在建筑装饰设计思维中，形象思维占有重要地位。形象思维的特点是通过特殊的具有形象特点的个体去显现共性，通过生动的形象去表达作者大胆的想象和超凡的幻想。建筑装饰设计的重要内容之一，就是形的创造。形的创造包括空间形态和室内一切形体的创造。形象思维有赖于设计师对形的理解力和想象力。设计师的形象思维能力的高低与设计师的知识和经验的积累密不可分，虚拟的形象不是凭空而来的，它是以往脑海中的知识形象的整合、重组、完善，是建立在知识和经验的基础上的。

抽象思维是一种理性的逻辑推理过程，主要是对不同信息加以分析、整理、归纳，并通过建立评价体系，对信息进行比较、综合，从中得出阶段性结论，随着新的信息的出现，又转入下一轮逻辑过程，如此螺旋式反复直至达到最终结果。抽象思维需要设计师具有抽象的逻辑思维能力，对室内空间的物理环境、建筑结构等作严格的、符合科学的考虑。抽象思维所反映的思维方式是直线型的，它借助于概念、判断、推理来反映现实，揭示事物本质和内部的联系。抽象思维所寻求的正确结论只有一个而不是多个。

建筑装饰设计面临各种复杂的矛盾，需要设计师以严谨、科学的工作态度对大量信息进行具体分析、演绎，从而整理出设计思路，确定最终目标。任何一项建筑装饰设计都要考虑到任务的外部环境与建筑条件对建筑室内的约束性，考虑使用者的舒适性。确定后还要对这些信息进行分析，考虑需要满足什么条件，忽略什么条件，避免什么不利因素。在设计目标确定后，设计师还需要进一步考虑通过何种材料、施工工艺来实现目标。在设计施工过程中不断会有信息反馈，需要设计师不断修正完善自己的方案。这一切都需要理性的逻辑思维来推动完成。

形象思维是创造性的思维方式，它使设计具有想象力和个性。而科学、严谨的逻辑思维方式使设计能够变为现实的存在。由此可以得出这样的结论：建筑装饰设计既需要形象思维，也需要抽象的逻辑思维。

### 5.2.3 创造性思维

建筑装饰设计是一种创造性活动，其创造方法寓于创造性思维之中。创造性思维的创造性在于它是不拘泥于原有的认识，善于独立思考、怀疑、提出问题，开拓认识新领域的思维活动。其特征是积极的求异性、敏锐的洞察力、突出的新颖性和高度的主动性。创造性思维并没有特定形式，它是某种思维基本形式的有效展开或多种思维基本形式的有效综合。建筑装饰设计的设计过程中，主要是多种思维的有机综合。

设计者通过以下的有效途径来激发创造性思维。

**1. 发散思维和收敛思维相结合**

发散思维是指从一个问题（信息）出发，不依常规、突破原有的圈，从各个方向进行探索，力求做出尽可能多的答案的思维方式，又称为“多向思维”、“求异思维”或“开放性思维”。根据问题所提供的信息，通过发散思维可得出很多答案，而且各个答案都可能同时成立。发散思维能使设计者的设计方案思路产生大量不同的设想，从而引导设计师设计出多个不同思路的方案，为以后优选方案作准备。

发散思维模式包括立体思维、平面思维、逆向思维、侧向思维、横向思维、多路思维、组合思维等。

收敛思维是指在研究问题时对众多可能的方法、方案、设想或假说，运用已有的知识、理论去进行比较分析、归纳综合和选择，以形成唯一的或最优的结论的思维方法。收敛思维又称为“求同思维”或“聚合思维”，也是创新思维的一种形式。它与发散思维不同，发散思维是为了解决某个问题，从这一问题出发，想的办法、途径越多越好，方案越多越好，而收敛思维是思维向单一方向发展的思考，从并列因素中作出最佳选择的思维方式。

上述两种思维方式是辩证统一的，发散思维是收敛思维的前提，收敛思维是发散思维的目的（见图5-1）。

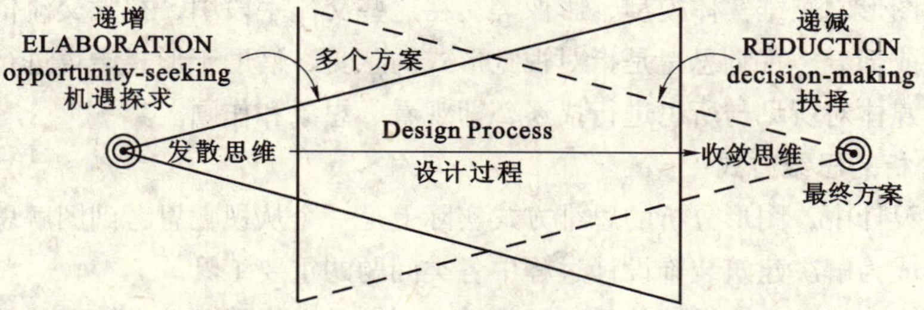


图5-1　设计过程中的发散思维和收敛思维

**2. 运用联想、直觉和灵感思维**

创造性思维得到的独特新颖的结果，并不是凭空产生的，而是在已有的记忆表象的基础上，经加工、改组或改造而成。创造性思维活动中经常会出现灵感、顿悟、联想、直觉等特殊思维方式。

凡是创作者都有这样的体会，为了解决一个问题长时间思考而不得解，突然受到某个事物的启发，灵机一动，解开了难题。这种在不知不觉中突然发生的特殊思维形式就是灵感思维，它是以抽象思维和形象思维为基础，处于激发状态的思维活动，可能转瞬即逝。灵感在一定意义上也是一种直觉，灵感具有突发性。

联想思维是在对当前的事物进行分析、综合、判断的思维过程中，将一个主体与其他主体联系起来，从两个主体间的相似、差异或内在联系中受到启发，从而激发出新思维的过程。简单地讲，联想思维就是指通过看到某一事物就联想到另一事物的思维方式。联想思维在人的思维活动中起着基础性的作用，联想扩大了原有的思维空间。在建筑装饰设计实际运用过程中，设计师通过对任务的条件、委托方的要求的分析，进行联想从而启发进一步思维活动的展开。设计师的思维差异也决定了其联想空间在深度和广度上的差异。联想思维的类型有接近联想、相似联想、对比联想、因果联想、类比联想等。

直觉思维简称直觉，是不经过一步一步的严密分析和推理，即迅速对问题答案作出合理猜测、设想或突然领悟的思维形式。直觉不受某些固定的逻辑规则约束而直接领悟事物本质，它具有非逻辑性、突发性和偶然性等特点。直觉思维中那种直接领悟事物本质的认识能力，是以经验为依据在实际知识积累的基础上产生的，是思维过程的一种飞跃现象。在创新活动的关键时刻，直觉常常起决定性的作用。

建筑装饰设计是一项创造性很强的工作，需要设计师具有创新精神，需要在学习、工作中不断超越自我、多向思维。

### 5.2.4 图示思维

**1. 视觉思考**

建筑装饰设计的概念需要通过设计语言进行表达和交流。建筑装饰设计的语言系统包括口述、文字、图形、三维实体模型、影像等。在这些交流手段中，视觉交流依旧是交流手段的一个重要组成部分。视觉思考是指对视觉形式的感受，借助于形式语言进行思考，运用图形语言及绘画媒体对所见与所思进行描述，即观看、想象和作画。

**2. 图形分析的思维方式**

建筑装饰设计中，图形分析的思维方式实际上是一个从视觉思考到图解思考的过程。图解思考现在已成为解决建筑装饰设计过程中各类问题的重要工具。

从本质上讲，建筑装饰设计就是空间的设计，也是空间形象的设计，建筑装饰设计的最终结果是包含时间要素在内的四维空间表现。在创作之前，这些设计目标都在创作者的脑海里，但是设计目标必须是有“形”的，这就需要将上述思维形式转换为可视的图形表达。这就是建筑装饰设计特有的思维方式——图形分析的思维方式。

图形分析的思维方式主要是借助于工具绘制徒手草图把思维活动形象地描述出来，通过视觉反复验证以刺激思维进一步活动，从而促使设计方案的生成和发展。图形分析的思维方式是围绕设计目标展开的探索性创造活动。图解思考过程可以看成是纸面形式的自我交谈，设计者与设计草图之间的相互交流。利用图示思考法可以帮助快速提升设计者的思考速度、广度和深度。图解思考有创造、启发、助记和理清思路的功能。

图形分析的思维方式的重要手段——徒手草图，是一种大脑思维形象化的外在延伸，是电脑绘图无法取代的。设计师在不断绘制图形的过程中，又会触发新的灵感，而只有徒手绘制才可能迅速抓住这转瞬即逝的灵感的火花，用简洁的线条表现脑中混沌的意念，然后进一步细化完善。优秀的设计往往就诞生在那些看似纷乱的图形分析与绘制过程中，也可以说，建筑装饰设计的思维进程是建立在徒手画的基础之上的。徒手草图自始至终都是孕育设计意图的手段，也是作为设计师与委托人之间信息交流，以及合作者之间设计信息交流的重要手段。徒手草图是装饰设计师基本功训练的一项重要组成部分，无论在设计的什么阶段，设计者都要习惯于用笔将自己的想法落实于纸面。

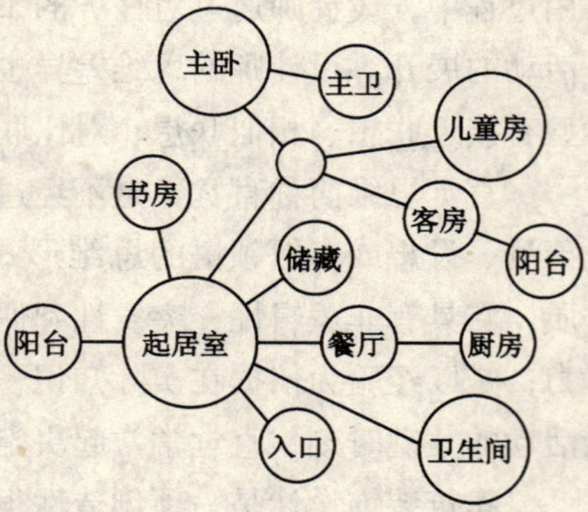

图 5－2　平面功能分析

在建筑装饰设计中，图形分析的思维方式主要表现在方案的构思阶段和设计初步阶段。设计构思需要对设计的概念进行物化，表现为各种不同深度、不同层次的图形。常见的图形分析图有平面分析图（见图 5－2）、空间组成分析图、平面立面的设计草图、透视草图等。

### 3. 常用的图解语言

图解语言的语汇一般把功能标识为“功能主体”，用矩形框或圆形框来突出表示。“功能主体”之间的相互关系以线条或箭头表示，如图 5－3 所示。功能主体不同的关系可用多种类型的线条来表示。功能主体之间关系的主次和疏密关系，以彼此间的距离来表示。在设计构思中常用此法来推敲单体功能空间在整体空间中的相互位置和交通距离。

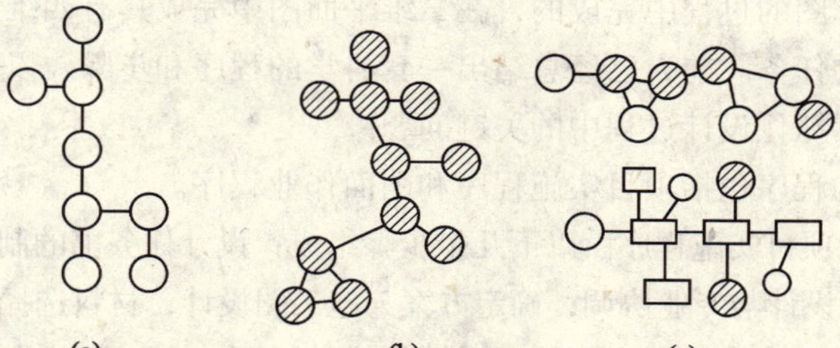


**图 5－3 图解语言**

功能主体以色彩或形状或功能之类的共同特征进行分组，使主体成组或成群。

在建筑装饰设计领域中，经常使用以下几种图解语言构成的图形思维分析方法。

(1) 关联矩阵坐标法

关联矩阵坐标法是以二维的数学空间坐标模型作为图形分析基础。它广泛应用于空间类型分类、空间使用功能配置、设计程序控制等。

(2) 树形系统图形法

树形系统图形法以二维空间中的点的单向运动与分立作为图形表象特征，是表现系统与子系统相互关系的最佳图形模式，主要应用于设计系统分类、空间系统分类、概念方案发展等。

(3) 圆方图形分析法

圆方图形分析法是以几何图形从圆到方的变化过程作为图解思考的方法，是建筑装饰设计的专用图形分析法。“圆圈”——功能分区；“方框”——最后的平面形式与空间尺度。“圆圈”向矩形“方框”的过渡中确立了最后的平面形式与空间尺度，如图 5－4 所示。

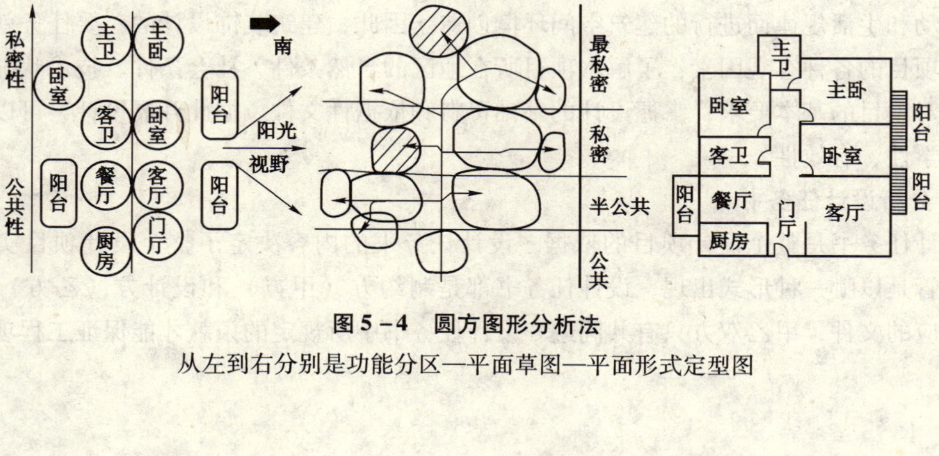


**图 5－4 圆方图形分析法**

从左到右分别是功能分区—平面草图—平面形式定型图

## 5.3 建筑装饰设计的程序和方法

从整体看，建筑装饰设计的最终结果是包括时间要素在内的对四维空间实体的设计，而设计是在二维平面作图的过程中完成的，在二维平面图中完成具有四维要素的空间表现，显然是一个非常困难的任务。前人已经总结出一套科学的程序和步骤，以帮助初学者建立完整的设计流程的概念，抓住设计过程中的关键问题。

建筑装饰设计的程序包括项目实施程序和图面作业程序。

建筑装饰设计的项目实施程序由以下几个步骤组成：设计任务书的制定，项目设计内容的社会调研，项目概念设计与专业协调，确定方案与施工图设计，材料选择与施工现场服务。

建筑装饰设计的图面作业程序，按照设计思维的过程，它一般分为概念设计、方案设计和施工图设计 3 个部分。概念设计、方案设计和施工图设计的成果主要反映在图纸上。其中，平面功能布局和空间形象构思草图是概念设计阶段图面作业的主题；平面图、立面图和透视图是方案设计阶段图面作业的主题；剖面图、平立面局部详图和细部节点详图则是施工图设计阶段图面作业的主题。

以下将通过设计前的准备工作、图面作业基本程序以及设计的后期工作 3 个阶段，来分析建筑装饰设计师在整个建筑装饰设计项目中的主要工作，以及建筑装饰设计的方法与步骤。

### 5.3.1 设计前的准备工作

设计师接受一项建筑装饰任务，都需要进行设计前期准备工作。这些工作包括分析任务书、调查研究、考察实例等。这些准备工作并不是可有可无的，因为它关系到设计的定位和决策是否正确，关系到设计概念是否恰当，关系到设计最终是否能为使用者所接受。无论哪种建筑室内装饰设计，都是在一定的空间、特定的客观因素影响下，根据人们的社会活动、生产活动和生活规律而进行的建筑空间环境创造。因此，建筑装饰设计的首要任务就是全面地掌握项目的各种客观因素：了解本项目所在地区的自然条件、社会条件、技术状况；清楚业主方对项目的基本要求；掌握设计的基础资料和依据性文件。据此开展设计，可以提高设计的科学性、有效性。

**1. 分析设计任务书**

设计任务书是整个设计项目的依据。设计任务书的内容决定了整个设计项目实施的方向，不管是以哪一种形式出现，设计任务书都是制约方（甲方）和设计方（乙方）的具有法律效应的文件，甲乙双方只有共同遵守设计任务书中所规定的条款才能保证工程项目的顺利实施。

设计任务书是进行建筑装饰设计的指导性文件，一般包括文字叙述和图纸两部分。

（1）文字部分

文字部分包括任务书的项目名称、项目地点、项目内容和要求、设计周期、项目标准、设计的成果与要求等。

① 项目的名称

项目的名称就是一种限制，没有限制的设计项目几乎是没有的，仅仅是限制的内容和程度有着相对的不同。设计的命题通常包含设计属于何种建筑类型（例如某酒店大堂设计、某别墅室内设计、某商务大厦办公空间设计……），以便在设计中把握好表达的特征。有时，项目名称还包含设计的功能、技术等要求。

② 项目的地点

任务书中项目的地点主要点明设计的环境与场地情况，有助于设计师在设计中注意地方特色、地方材料的选用和陈设小品的配置。

③ 项目的内容、要求和周期

建筑装饰设计是一项复杂的系统工程，每一项具体的设计都有一定的前提和条件，并且给出设计的时间，列出需要装修的房间名称和使用要求。这些因素都将引导设计师在设计时分清主次，合理分配人力、物力。

④ 项目的标准

一般委托方会在任务书内提出对装修档次、空间审美意向方面的具体要求。委托方会对投资数或每平方米造价有控制。资金和造价，委托方的经营（使用）性质、方式和思路，委托方的审美意向，使用对象的审美意向，这些都会成为设计选材施工时需要考虑的因素。

⑤ 设计的成果和要求

为了正确图示表达设计任务书的要求，委托方一般会要求设计师提供整套图纸和文本，内容视设计任务书具体要求而定。

（2）图纸部分

图纸是设计任务书的重要组成部分，一般以建筑施工图和建筑方案图为依据。在设计准备阶段，设计师首先要读懂这些图纸，在头脑中建立起一个空间形象。同时设计师还应掌握建筑水、暖、电、结构等图纸中的各种管线设备的布置情况，以便在今后设计中与这些工种充分配合。

**2. 信息的整理**

了解任务书之后，接下来需要收集第一手的相关“信息”。所谓“信息”是指与所要进行的设计项目有关的各种数据、图纸、文字、同类型案例、现场状况等的综合性总称。可以通过咨询业主、勘测现场、查阅资料、借鉴实例的程序来进行信息的收集。

在设计的准备阶段，对信息进行收集是一项极其重要的工作，信息掌握得越多越细越充分，就越有可能在设计定位和设计决策时，有更多的参考依据和构思出发点，就越能够打开思路，建立起一个明晰而合理的设计概念，从而把握正确的设计方向。

(1) 勘测现场

凡是建筑装饰设计，设计者都需要到现场亲身感受一下空间状况。在大多数的建筑装饰设计项目中，建筑装饰设计是在建筑施工完成以后才开始着手进行的，有可能在建筑施工过程中，某些部分作了修改，或多或少存在着与设计师拿到的任务书图纸上所标示的有不符的情况。另外，许多建筑装饰设计项目是在原建筑空间的基础上经过多次装修的，现场情况可能与原建筑设计图纸存在较大的差别。这就需要带着建筑设计图纸到施工现场进行具体尺寸数据的核实，了解上次装修后的结构变动、电路分配、空调管道、给排水设施，并在原建筑设计图纸上明确地标明，以便在今后设计中把修改的部分充分考虑进去。

现场调研勘测中还需要注意细节，例如立管的位置，插座，下水洞口，梁下皮距室内地面的高度等情况，因为这些情况，可能在业主的图纸上没有标注。在现场勘测中，还需要了解施工现场在建筑空间中的情况，以及周围建筑环境的整体风格特征、人员情况等。设计师可以到周围随访，了解一下所在城市的文化特点以及设计项目与所在城市区域性环境的关系等情况。

以居住类建筑室内装饰设计为例，设计师在勘测现场时需要标注以下几点：

① 现场绘出平面简图，并标明门、窗、柱、管道井、梁等位置。核对和丈量建筑内部具体尺寸，并标注于简图中。标注出房屋的出口位置。

② 画出简单的立面图，将窗台高度、窗高、梁高、梁深及屋高尺寸加以标注。

③ 标注给排水、煤气管道、电表箱、插座、开关、灯口及消防等设备。

④ 观察建筑物结构，并将柱、混凝土墙、砖墙、1/2 砖墙等注明于平立面简图中。

⑤ 观察建筑物外部环境、方位、景观，以及与邻近建筑物的关系，并记录下来。

⑥ 如果是旧房装修，则需要把原有的需要留用的家具设备的尺寸和草图绘制出来。

(2) 咨询业主

咨询业主是设计前期准备的一项很重要的工作，业主可以提供比设计任务书更生动的设计信息。在询问业主之前，设计师需要仔细研读任务书，以便提出有针对性的问题，而不是让业主解释一遍任务书。

咨询业主主要从以下几个方面入手。首先是请业主针对任务书上不够详细的部分予以解释。例如作餐厅设计，需要咨询业主，餐饮定位如何，主要吸引哪一类顾客，需要预留多大的办公空间等问题。咨询业主的目的是把设计任务搞清楚，尽量问得仔细。其次可以问一些任务书以外的问题，比如当地的餐饮习惯和风俗、业主中意的色调等。设计师问得越详细，设计目标就越容易把握。

有些设计项目，如一些特殊治疗室、专业厂房、专业训练场所等，与设计师的日常生活有一定距离。在设计之前，对这些空间的功能特点要尽可能地与业主多沟通，并对有疑难的技术性问题请教相关专家。

(3) 查阅资料，借鉴实例

建筑装饰设计是多学科知识的创作过程，在拿到设计任务后，应查询相关的设计规范。

例如，作医院室内装饰设计时，需要查阅一些医院建筑设计规范和医院的消防、卫生等法规，以便指导以后的装饰设计。再如，作幼儿园的装饰设计时，需要查阅幼儿园建筑的设计规范，并且了解相关的儿童生理学、心理学的知识，以便掌握这些特殊人群的生理心理特征，这对幼儿园室内空间形状和尺度、色彩、家具的配置具有参考价值。

另外，还可以查阅杂志画报、图册、图集等，借鉴前人做过的类似题材的设计成果。通过案例分析，可帮助设计师找到相同或相似设计规律性的内容，例如，同一类型的设计项目的设计在功能上以及设计风格上的共性，目前这一类型的室内设计较多选用的材料等。汲取案例中的优点，避免案例中失败的地方。查阅资料虽然可以在拿到任务书后应急之用，但这不是善策，一个优秀的设计师在平时就要像海绵一样汲取各种设计方面的信息，储备起来，到需要时，就可以立刻发挥作用。

查阅资料是知识的获取和积累，而考察实例能得到现场的体验。建筑装饰设计有时还需要帮助委托方找准项目的市场定位，设计项目在经营方式、装修档次上的定位以及装修风格的定位。市场调查就是要了解同一类型和性质的项目的设计情况，看看有哪些最新最好的设计可以借鉴。在考察的过程中，设计师可以多留心室内空间的布局形式与功能的关系，近距离地了解空间的材料配搭和不同材料的衔接处理方式，家具和陈设的选用等。设计师甚至可以将节点的实际效果与具体尺寸对照记录下来。

**3. 条件分析**

设计前期收集了大量的信息之后，还不能展开设计工作，设计师需要对信息进行选择、整理和分析（见图 5－5）。

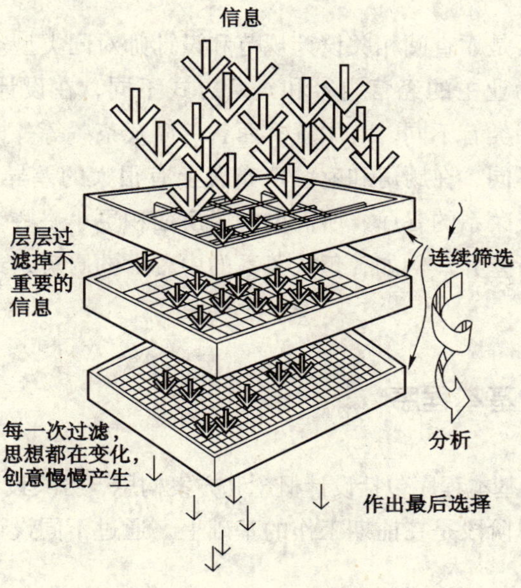


图 5－5　信息整理与筛选

建筑装饰设计本身就是一个选择的过程，在众多的信息面前筛选出与本案设计有关的各种信息，然后将它们进行合理的组织和安排，从而产生出与设计目的相符的设计构思。

其中，对于设计任务的建筑框架，设计师需要通过收集到的信息，给出一个分析结果。

(1) 建筑结构形式和功能布局的分析

对于建筑的条件，设计师可通过阅读图纸和实地查看，了解哪些是承重结构不可变动，哪些是非承重结构可以适当改动。设计师从任务书规定的使用功能的角度，检查建筑室内功能是否完善，流线是否顺畅，空间形态是否合理。

(2) 分析内部各个空间的特征

分析建筑内部空间的流通性和封闭性、私密性和公共性的情况。根据设计任务书的要求，检查建筑空间的门窗开启方式、洞口高度，相对于未来的使用功能是否合理，是否需要改动等。

(3) 分析交通体系和管线设备

查看楼梯、电梯的平面布局，设备和后勤用房，管线的走向和标高，以便于在设计中，避免设备的噪声、气味、烟尘对使用空间的不利影响。

还有诸如建筑的结构安全性、旧房改造中的水电改装、改装卫生间的影响等问题，尽量在设计之前弄清楚，这样可以在装饰设计施工中少走弯路。

**4. 功能分析**

建筑装饰设计的功能的满足贯穿于整个室内设计方案思考过程的始终。在各种关系中，功能因素始终对设计的其他因素产生影响和作用。在确定了设计任务之后，需要运用理性的思维方式对功能进行思考。

对功能的认识，主要是靠查阅相关设计规范和设计师对同类型空间的设计研究经验。同类型的空间，可能会因为业主的经营内容和经营方式不同，在设计上出现功能的差异。例如，餐厅的设计，经营种类有不同，有中餐、西餐、简式茶餐等。即使是同为经营中餐的餐厅，也会因经营的菜肴不同，在厨房和就餐区布置上有很大的差异。经营面条类、快餐类、火锅类的餐厅比经营正式菜系的餐厅，所需要的厨房面积更小一些。厨房的空间布局也会针对不同的使用要求而有所差异，例如，正式菜系的中餐厅的厨房是封闭式的，而经营铁板烧的厨房基本是开敞式的。

### 5.3.2 图面作业基本程序

建筑装饰图面作业的基本程序包括设计概念和方案构思、方案设计、施工图设计等内容。

设计概念和方案构思阶段是在前期工作的基础上，通过不同设计手段的运用，确定设计方向和总体定位。

方案设计阶段是在方案构思的基础上，就平面布置的关系、空间的处理以及材料的选用，家具、照明和色彩等，作出进一步的考虑，以深化设计构思。

施工图的设计和绘制包括绘制平面布置图、立面图、顶棚平面图以及建筑装饰效果图等，同时对建筑装饰设计费用作出预算。

**1. 设计概念与方案构思阶段**

设计概念是设计师对设计方案的总体想法。设计概念就是对设计任务的多个方面因素进行思考和定位的结果，就是一个“做什么”的问题。

设计概念不仅是对设计项目在功能使用上的定位，同时还包括对设计项目的自然和人文地理位置、所在建筑空间的位置、设计方案的时代特色和设计风格的定位。设计概念还需要对设计项目所服务的对象进行定位。只有找准特定的群体，才能在设计中有的放矢地寻找要表达的“素材”，并有效地组织设计语言，做一个有针对性的设计方案。

在以上定位工作完成之后，设计师需要考虑通过怎样的专业设计手段达到自己的设计意图，即“怎样做”或“如何表现”的问题，这时进入方案的构思阶段。

“做什么”是一个意向性的思考，接下来就要将其中的“意向”变成具体的空间视觉图像。方案的构思是设计师运用专业知识，通过对室内空间设计要素的组织和安排，将脑中的预想变为可视的草图图纸的过程。从设计概念到草图的过程是大多数设计者点燃灵感火花的过程。

概念草图是设计师对设计概念的一种探讨性的表达，它是在创作意念的驱动下，将各种复杂的设计条件和关系抽象、提炼成相关的设计语汇，并形成可供讨论和交流的视觉图像的一种徒手画形式。在实际的设计中，概念草图的形式是多种多样的，可以是平面功能分析图，也可以是局部设计构造的剖面图、节点图等，还可以是透视表现图，甚至可以是以图像、符号、线条或文字组成的图解思考。在概念草图中，设计师就室内空间的功能布局、空间的形式和风格、装饰材料的选用和搭配、装饰细节的构造形式、家具的形式与布置等多种设计信息加以反映，为设计方案的确定打好基础（见图5－6～图5－10）。

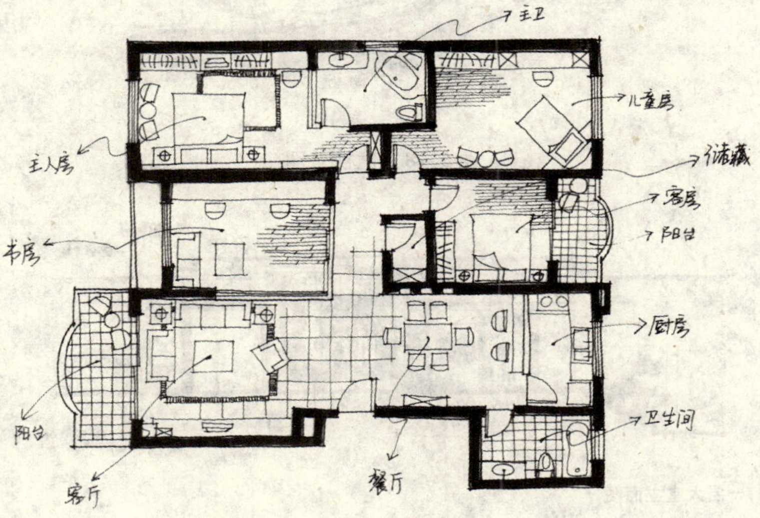


**图5－6　平面草图**

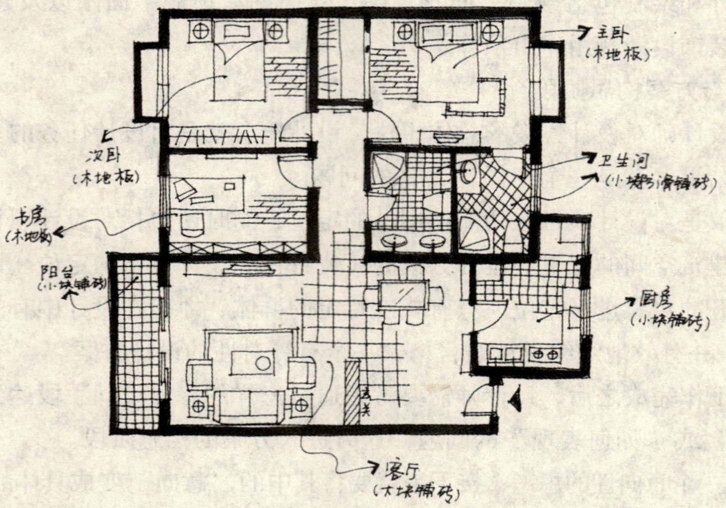


图 5－7 地面布置草图

图 5－8 透视草图

一层大堂立面图

图 5－9 立面概念草图

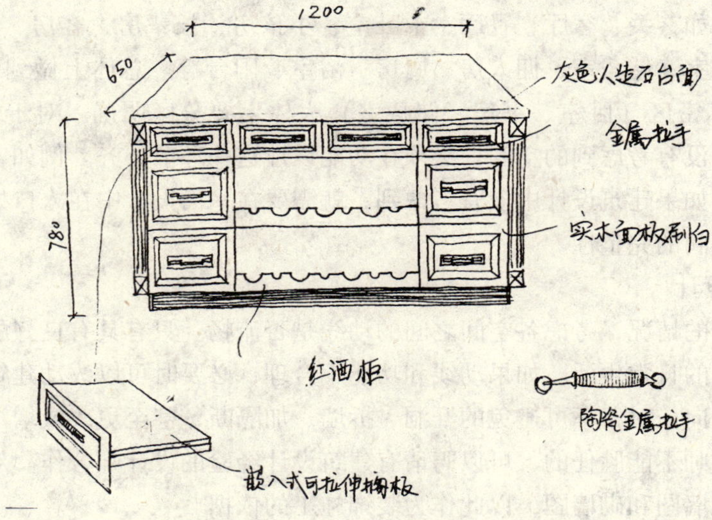


图 5－10 家具设计概念草图

虽然设计的最后成果，有可能是以电脑辅助设计或其他形式呈现出来，但概念草图对于设计思考过程的辅助性作用也是不容忽视的。对于设计师来说，绘制草图过程也是一个思考的过程，是一个设计构思由抽象的思考进入具体的图式，由模糊走向清晰，由不成熟逐渐走向成熟，并不断完善和深化的过程。

**2. 方案设计和绘制阶段**

在概念草图基本完成后，安排设计师和业主（委托方）就设计的初步方案进行讨论和交流。讨论后，确定了方案大体定向，就可以进入到更加深入的方案设计阶段。

设计方案的概念草图通常没有统一的格式，往往图中的很多符号和线条只有设计师自己才能看懂，如果不借助于语言的描述，其他人不容易理解。当设计方案有了大体的定向以后，接下来就需要将方案用一种约定俗成的专业符号系统和标准的表达方式确定下来，具体地说就是用大家都能读懂的专业图纸形式对设计方案作进一步的确定和深入的表达。建筑装饰设计方案图纸一般包括平面布置图、顶棚平面图、立面图、剖面图、透视效果图等。

（1）建筑装饰平面设计

平面布置图对功能的安排关系到整体布局，平面布置是整个装饰设计的基础和依据。在概念草图中绘制的平面图，仅对功能进行了大体的安排。在方案设计阶段，应该首先进一步对平面图进行完善，用正确的比例和尺度，对平面各部分进行仔细的比较和推敲。

① 平面功能设计

根据任务书条件，对原始建筑平面进行全面检查，必要时对局部功能布局进行调整，理清流线，完善功能。

例如，在别墅设计中，设计师根据业主所给的家庭资料和需求，以及规划功能要求，分配各空间的用途，如玄关、客厅、餐厅、主卧室、小孩房、长辈房、客房、书房、起居室、工作室、休闲娱乐室、储藏室、佣人房、厨房、浴室、阳台等。总体上做到公共区（客厅、餐厅、厨房）和私密区（卧室、书房、储藏室）大体上要分区明确。对于一些应该设置，但是在建筑设计中没有考虑到的空间，必须在功能设计这一环节补齐。例如，在别墅中需要一个玄关的空间，如果建筑设计中没有考虑到，就需要在平面设计中在入口处设计出来，但又不能破坏原有房间的完整性。

② 平面流线设计

根据建筑室内的情况，考虑各空间之间的动线是否流畅。只有具有良好的动线连接，才能妥善地安排人们的日常生活。如果动线和功能不合理，必要时可以改动建筑内部结构、门窗的位置和开启方向。对于不可避免的开洞、拆墙、加隔断，甚至更改或增添卫生间、楼梯等设计，装饰设计师不能胜任的，可以聘请有建筑设计经验的设计师合作。对于改动的建筑墙体，需要绘制拆墙图和砌墙图，以此作为装饰施工的依据。

建筑室内空间面积包括使用面积、交通面积和辅助面积等，它们各自在室内平面中占一定的面积比例。设计师需要尽量扩大使用面积，以提高平面使用系数，在合理的标准下尽量减少辅助面积。

③ 平面形态设计

针对建筑室内平面形状而言，一般是矩形和方形比较利于家具配置。对于一些建筑空间形状是六角形、三角形等形状的异形房间，室内会出现很不实用和不甚美观的锐角，需要设计师先对建筑空间作完形处理，再布置适合的家具。

④ 地面设计

地面设计是建筑装饰平面设计的重要组成部分，在方案设计的平面布置图内，需要标示出地面的设计做法。地面设计包括地面形态设计、地面材质设计和地面装饰设计。

地面的形态一般来说是水平的，但是不排除有些地面有标高的变化，例如下沉地面、抬高地面、坡道等。地面材质设计要满足主要空间的功能要求，例如在人流多的地方使用耐磨材料，在卫生间和厨房使用防滑材料等。同时考虑地面装饰效果，注意材质的分格和地面图案的设计（见图5－11）。

图5－11　地面图案的设计

（2）建筑装饰顶棚设计

平面设计定下来之后，可以着手对顶棚进行设计。顶棚设计的原则是要结合平面布局方案，与平面取得一种呼应的关系。顶棚的形状造型和灯具的样式，对整个建筑室内空间气氛的烘托起到重要作用。顶棚设计应考虑室内空间的整体性和视觉效果。

（3）建筑装饰立面设计

① 立面形态设计

建筑装饰立面设计中，首先，应考虑室内空间的长、宽、高的合适比例。从建筑原理和人的审美经验来说，房间的长宽比应该为2∶1比较合适。房间高度根据人的心理感受有所变化，一般住宅的高度在3 m左右，公共空间的高度则根据面积大小可以高达4～5 m，甚至10 m不等。其次，还应考虑各空间之间的分隔方式，不同的分隔方式给人的心理感受不同。例如，餐厅和客厅之间可以采用隔屏、透空式的高柜、矮柜、矮墙，或透空式的墙面来分隔空间，这样的分隔方式，其视线可相互透视，强调了与相邻空间之间的连续性与流动性。玄关与客厅之间，可以用空间梁柱、不同材质、不同色彩、绿化植物，或地坪的高低差等来区分，这样的方式，只是象征性的区隔，但在心理层面上仍是有分隔的两个空间。

② 立面界面设计

立面是人在空间环境中关注得最多的地方，空间的界面设计对整个空间的风格的形成具有举足轻重的作用。在界面设计中，应灵活运用形式美学原理，做到重点突出。

立面界面设计包括界面色彩设计、界面材质设计和界面装饰设计。

在立面色彩设计中，应考虑采用合适的色彩来适应空间的功能，界面色彩需要与室内家具等相互协调。例如，居室设计中，儿童房可以采用高明度的鲜艳色彩作为主要色调，而老人房则采用低彩度的沉稳的色调比较合适。

建筑装饰方案设计中，是否能正确运用装饰材料的色彩、质感、触感、光泽等方面的特性，对于设计的整体效果有很大的影响。界面的材质设计中，应充分体现材料的美学价值和材料的技术特性，注意材料的肌理搭配和不同材料之间的衔接关系。一般来说，建筑装饰材料的选用应考虑以下几方面：

a. 装饰功能和空间

首先，建筑的类型不同，装饰材料的选择也随之不同。例如，纪念性建筑内部氛围庄严肃穆，常选用质感坚硬而表面光滑的材料来装饰，如大理石、花岗石等。大型卖场室内气氛活跃，可以多采用色调鲜艳、对比强烈的涂料、金属、合成板材等装饰材料。医院室内应宁静、整洁，宜采用淡色调或素雅的装饰材料。其次，即使是同一类别的建筑物室内，房间的功能不同，材料的选择也有所不同。同样是居住建筑的室内装饰设计，卧室宜宁静温馨，墙面应避免强烈反光，因此，卧室墙面材料可以采用涂料、壁纸、墙布等。而厨房、厕所内应考虑防水、便于清洁，它们的墙面宜采用防水的墙砖或马赛克等材料装饰。再次，需要装饰设计的空间的形态不同，材料的选择也有所不同。对于空间宽敞的美术馆展厅、影剧院大厅等，墙面和地面可以选择质感粗犷、大图案的材料，而空间较小的餐厅包厢等，其装饰要选择质感细腻、图案精巧的材料。

b. 地域和气候

装饰材料的选用常与地域或气候有关，木地板、塑料地板、高分子合成纤维地毯，其热传导率低，使人感觉暖和舒适，可以多用在寒冷地区。石材类、砖类的散热快，人体感觉凉，可以用在炎热的南方地区。冷饮店内需要制造清凉的环境氛围，可以采用白色、银色、蓝绿色、紫色等冷色调的材料。而地下室、冷藏库则应采用红、橙、黄等使人感觉温暖的暖色调材料。

c. 装饰标准

装饰材料的选择还应考虑建筑装饰的标准。例如，宾馆和饭店标准有三星、四星、五星等区别，所采用的装饰材料也应分别体现级别的不同。例如，在地面装饰中，五星级宾馆的会议室选用全羊毛提花地毯，中等级别宾馆的会议室，则局部使用全毛地毯，或选用化纤地毯或木地板等。

建筑装饰材料多种多样，需要根据设计项目具体的条件和情况，选择适当的材料。主要的材料有如下：

a. 地面装饰材料

地面装饰材料一般有木地板、竹地板、石材地板、陶瓷地砖或马赛克、水磨石地板面和地毯等。

木地板可以分为实木地板和复合木地板。实木地板具有天然纹理，质感好，有弹性，保温隔热性能好。复合木地板利用木材作面层，保留了实木地板的优点，节约了木材，安装简便，价格更便宜，减少了现场环境污染。

竹地板比木地板抗拉、抗压能力强，具有韧性、弹性，但缺乏刚度。竹地板必须经过防虫蛀、防腐蚀、防裂和表面处理。

石材地板可以分为天然石材地板和人造石材地板。天然石材地板有大理石、花岗岩和青石板等。天然石材地板具有独特的纹理，抗压强度高，吸水率小，是高档的饰面材料。人造石材以天然石材为骨料，仿天然石材纹理，色泽均匀一致。

陶瓷地砖用黏土或瓷土烧结而成，分为无釉和有釉两种。瓷质地砖比陶质地砖烧结度更高，吸水率更小。马赛克地砖单体尺寸较小，预先拼成各种图案反贴在牛皮纸上。

水磨石地板用水泥等胶凝材料和石碴为原料，经过搅拌、成型、养护、研磨等主要工序制作而成。水磨石地面可以预制或现浇。

地毯的图案、色彩和质感非常丰富，是一种装饰性较强的地面材料，具有柔软、温暖、有弹性、吸声减噪的特性。地毯的材料包括羊毛、麻、丝、混合纤维和人造纤维等。

玻璃地板是将钢化玻璃搁在框架上，玻璃下面打有色灯光或放置物体，一般作为展示地面。

b. 墙面装饰材料

墙面装饰材料一般有涂料、墙纸、玻璃、混凝土、木材、石材、砖等。

涂料能对墙体表面起到保护、修饰作用。涂料的品种、颜色丰富，是墙面装饰中常用的材料。

墙纸的图案丰富，色彩多样，具有美观耐用、易于清洁的优点。

混凝土和砖、石墙体常作为承重墙体，可以暴露其表面，利用其自身的天然纹理或质感作为装饰。

木材、石材、马赛克、陶瓷墙砖和镜面、玻璃板等也可以作为墙面装饰材料。

c. 顶棚装饰材料

顶棚装饰材料根据天花板的做法不同，可以分为两大类。

一类是在结构天花板上直接喷刷、粘贴的涂料、墙纸、织物等。

另一类是顶棚作吊顶。吊顶的材料包括龙骨和面材。龙骨材料有木材或金属。龙骨上铺设的轻质的薄片状面材包括木板、石膏板、矿棉板、金属薄板或塑料扣板等。另外，在吊顶面材的表面还可以作喷、刷涂料或粘贴墙纸等处理。

(4) 建筑装饰家具、设备的选择和设计

人们在室内生活过程中都需要使用家具和设备，它们起充实室内空间的作用，为室内设计创造的空间环境的实现提供了物质条件。在平面、立面设计中需要对家具配套、灯具、织物和装饰陈设配套用品进行设计与绘制。

(5) 建筑装饰剖面设计

在平面、立面图设计完成后，可以进入建筑装饰剖面图设计。通常剖面图设计分为空间结构关系剖面图和局部装饰构造剖面图。前者能够整体反映空间与空间之间的位置结构关系，后者反映局部做法和材料。

(6) 透视效果图绘制

透视效果图是方案设计文件中的重要组成部分。装饰方案设计图和施工图设计虽然精确，但由于其专业性太强，一般未经专业训练的人很难读懂。尤其在设计师与业主（委托方）沟通时，业主仅通过阅读图纸，往往不能在脑中建立起设计方案的空间形象。设计师需要通过更加直观的透视效果图来展示设计成果。在设计的概念草图阶段，设计师也绘制大量的徒手透视图，但表现得比较粗略。在设计的方案阶段，需要绘制更加精细的透视效果图，用较细致的方法选取室内空间有代表性的部位和角度进行表现，以取得一种更直观、更翔实的空间印象。透视效果图的绘制，可采取手工绘制的方法和电脑绘图软件绘制的方法。

手工绘制的效果图具有较强的生动性和艺术感染力，需要绘图者熟练掌握绘画的基本功。手绘效果图的种类有铅笔素描表现、水粉表现、水彩表现、钢笔淡彩表现、马克笔表现、喷绘表现等。各种表现手法各具特色：水彩表现的方法生动、明快；水粉表现方法厚重、立体感强；钢笔淡彩表现方法快捷、方便；喷绘表现方法细腻、真实。在实际应用中，因为钢笔淡彩表现和马克笔表现手法比较方便、快捷，所以使用比较普遍。上述各种手法不仅可以单独使用，也可以多种技法结合使用。

电脑绘图软件绘制的效果图，可以达到十分精确和逼真的表现效果，在实际运用中非常普遍。一般用三维软件绘制一张建筑装饰设计效果图需要经过三维建模、图像渲染、平面润色 3 个过程。关于这方面的具体知识，可查阅相关的书籍。

这两种方法绘制效果图都有它们各自的特点、优势以及局限性。在实际的设计中，无论采取哪种方式都是可以的。

**3. 施工图的设计和绘制阶段**

方案图完成后，设计师应就设计方案与业主（委托方）再一次磋商、讨论，对设计方案进行最后明确的敲定。在这一过程中，委托方可能还会提出进一步的设计建议和修改意见，设计师应该尽可能地尊重委托方的想法，同时仍需把握自己的专业立场。方案经过修改完善，并得到双方的认可后，可进行下一步施工图设计工作。施工图设计阶段的工作包括修改完善设计方案、与各相关专业的协调以及完成建筑装饰设计施工图 3 个部分。

施工图设计是设计师以方案图为前提，对整个设计项目的最后决策，它需要涉及设计方案的施工材料、施工技术、施工工艺等多方面问题。设计师必须与结构、水电、空调、消防等专业人员进行充分的协调，综合解决各种技术问题。同时设计师还应与材料供应商就材料的品质、规格、施工技术等问题达成一致，并在施工图中确切地标明，作为施工阶段中材料进场时查验的依据。

建筑装饰设计施工图一般包括以下内容：施工说明、材料表、门窗表、造价预算表、平面布置图（包括地面材料分布图、家具布置图）、天棚图（包括天棚构造图、天棚灯具分布图）、立面图（包括立面剖视图、节点构造图）、装饰节点大样图以及现场制作的家具、陈设的做法及设备的布置等详图。选用的家具除平面布置外，还应注明家具的形式、油漆或面料的颜色、尺寸等。对于需单独加工的家具，应绘制加工大样图。施工图的绘制一般沿用国家颁布的建筑工程的制图规范和标准，具体可参考第 7 章。

施工图完成后，各专业人员需要相互校对，经审核无误后，才能作为正式施工的依据。根据施工设计图，参照预定额编制设计预算。

建筑装饰设计是设计者综合设计工作能力的集中体现。从概念草图到施工图设计的过程是图纸深化完善的过程。在这一过程中，意象思维逐渐退出，现实逐渐进入，室内的建筑装饰成果作为客观事物，在这一过程中一步一步接近实现。

### 5.3.3 设计的后期工作

设计图纸文件全部交付以后，并不等于设计工作的结束。虽然设计的图面作业已经结束，但是在接下来的设计实施的过程中，设计师还有不少的工作要做。例如在设计交底、施工现场服务、工程验收以及装修结束后，向使用方交代需要日常维护的注意事项等，这些工作归为设计的后期工作。

**1. 设计交底**

工程开工前，在业主（委托方）的组织下须向施工方进行技术交底，对设计意图、特殊做法进行说明，对材料选用和施工质量等方面提出要求，就施工技术问题达成共识。在交底工作中，设计师最好亲临现场，与组织施工单位的负责人、施工现场的总指挥和各工种技术负责人在一起，就设计图纸上的具体方案与施工现场情况作详细的分析讲解。同时，施工单位对于图纸上的疑问，可以当面向设计师进行提问，设计师予以解答。

**2. 施工现场服务**

在建筑装饰工程的整个施工过程中，设计师须亲临现场，解决施工过程中出现的一些问题。在现场，设计师需要及时回答施工单位提出的涉及设计的问题，协助施工方进行装饰材料选样工作，协助业主选择灯具、卫浴洁具、家具设备和装饰配件、陈设等。由于装饰施工中工种繁多，每个工种都从自己的角度看待设计，往往忽略了以全局的眼光来把握与设计的整体关系，这时，设计师需要站在设计全局的角度作随时的协调工作，协调施工中出现的各种矛盾。如果某些设计方案的局部是施工技术确实难以达到的，设计师还需要对原方案进行调整，以确保方案的顺利实施。有时，装饰工程甚至是边施工边修改完成的。

**3. 工程验收**

在设计施工基本完成之后，设计师还须会同质检部门和委托方一起，就施工质量进行验收。设计师须对设计应该达到的最后效果进行审查，若发现与设计方案有不符的地方，应及时提示施工单位对其进行修改。

**4. 日常维护**

在所有施工工作都全面完成以后，在正式交付委托方使用之前，设计师还需向委托方，就建筑装饰的日常维护工作及需要注意的事项提出建议。

## 5.4 建筑装饰设计师应具备的素质

### 5.4.1 成为建筑装饰设计师的基本知识和修养技能

**1. 具备一定的建筑基础知识**

设计师需要了解建筑的基本构造类型，特别是对每种构造的优缺点、常用的结构方式等要熟悉。能看懂各种建筑图纸，熟悉建筑土建图、采暖与通风工程图、电气工程图等图纸，这样可以避免装饰施工中与建筑设施发生冲突。同时，装饰设计师还需要对建筑设计的理念有一定的了解，能够领会建筑语言所要表达的内涵，使自己的装饰设计理念与建筑设计理念能够融合。

**2. 具备一定的专业图纸绘制能力**

作为建筑装饰设计师，须能熟练地绘制符合国家规范的方案设计图纸和装饰施工图，能快速准确地绘制室内透视骨架线图，能用自己熟悉的工具徒手绘制彩色效果图，并且具有良好的美术表达能力，能把空间感、质感、色彩变化、光环境效果等正确地表现出来。同时，设计师还需具备基本的计算机操作知识，并能熟练操作 AUTOCAD 等专业绘图软件。

**3. 具备建筑装饰设计理论知识**

具有一定的造型能力和色彩心理学、空间规划能力，能在设计中熟练运用平面构成、立体构成、色彩构成的知识。对人体工程学有深入的研究和理解，并能运用于设计中。具备建筑风格、室内和家具风格方面的知识与修养，能熟悉各个时期风格的基本特征与变体，了解各种陈设品的历史发展，能不断关注和学习室内和家具设计中的新趋势和新理念。

**4. 具备建筑装饰技术知识**

熟悉各种建筑装饰材料（包括材料的性能、特点、尺寸规格、色泽、装饰效果和价格等），能正确地选用材料和恰当地搭配装饰材料。了解装饰施工工艺（包括木工、泥水、给排水、电工、油漆）的基础知识。会使用普通的施工工具和设备，有独立制作高质量的模型的能力，对电光源、光源产品和照明技术有一定了解。具备园林艺术、盆景与插花艺术方面的知识与修养。会作简单的装饰工程概预算。能不断了解和学习装饰设计中的新材料、新技术和新工艺，提高设计水平。

**5. 具备其他相关学科的知识**

建筑装饰设计师要有广博的文化知识与修养，这对提高建筑装饰设计水平有利。不仅要掌握心理学、哲学（包括逻辑）、预算学、公共关系学等学科，研究社会、人际关系、生活方式和需求，还应对环境科学有深入的了解，其中包括物理、化学、电工、音响基础、应用力学等，并及时掌握新的发展趋势。

**6. 具备采集资料的能力**

能通过速写、测绘、拍照、复印和现场实测记录等手段，不断积累各种有用的设计资料。能掌握专业调查的技巧，抓住调查的要点，获取设计师应掌握的情况与信息，以利于建筑装饰设计工作。

## 5.4.2 养成良好的设计师习惯

**1. 在生活中汲取知识**

建筑装饰的设计是为生活创造舒适的空间环境，这就需要设计师在生活中不断体验和积累经验。设计师应本着职业的敏感性，在自己亲身经历、观看、阅读中获取设计知识。某些自己感兴趣的案例，可以通过触摸、拍照或者手绘的方式进行记录。同时，通过网络了解、获取信息，也是非常重要的途径。

**2. 学会与业主沟通**

每个人的生活经历是有限的，设计师与业主的沟通是非常重要的。首先要仔细聆听业主的要求。抓住业主要求的关键点，是减少设计失误的关键，也是沟通能力的体现。例如，通过沟通，设计师需要了解这次设计中业主预期的项目效果是怎样的，业主想要投入的经费是多少等。同时还要观察业主的心理以及行为方式。业主自己有时不能够用语言充分表述自己对于设计项目的预期，设计师需要体会业主的意图，判断业主的观点，尽量把设计做到业主心理上所想要的效果。充分了解业主意图，一方面是经验积累，另一方面要有意地看一些心理学以及行为分析方面的书。

**3. 绘制徒手草图**

成为一名优秀的设计师，关键的一点是把严谨的逻辑思维和创造性的思维方式相结合。在电脑绘图非常普及的今天，徒手绘制草图的能力，对于一个优秀的设计师仍然是非常重要的。设计师可以通过用笔、纸，在短时间内比较流畅和随意地绘制多个方案，再择优选择一个最佳方案。在这个手绘过程中，很有可能会有顿悟或灵感迸发，会有绝妙的设计概念产生，设计师可以迅速抓住这些意念，反复推敲，最终把它们转化为可行的方案。而如果一开始就采用电脑绘图，就会使设计师把一部分精力分散到电脑的技术操作上，而不能集中全部精力放在方案思考上。同时电脑绘图是一种精确的绘图方式，那些肯定的线条会限制灵感的产生。因此，平时养成绘制徒手草图的习惯是非常重要的。

**4. 培养立体空间思维能力和训练发散型思维**

建筑装饰设计师应该培养六面体块的空间思维能力。根据平立面图纸的设计，能够迅速在脑内建立起立体的空间图像，还可以根据需要把立体空间在脑中作不同角度的旋转。这个习惯，有利于设计师更好地对空间进行规划，设计师需要进行反复练习。设计师的工作是充满挑战的工作，设计师除了要具有扎实的专业知识和技能外，还应该独具慧眼和充满想象力，其思维方式应是多元化和发散型的。设计师的思维不仅是纵向的，而且还需要是横向的、多角度的和复合型的。平时作方案，可以从发散型的思维方式出发，多角度思考，多出几个方案草图，反复练习，这样会增加设计师思维的广度。

**5. 学会总结经验**

设计师要养成多思考、多总结、多归纳的习惯，在不断的实践和学习中总结经验教训。

## 小　　结

1. 建筑装饰设计的分类：居住建筑室内设计，公共建筑室内设计，工业建筑室内设计，农业建筑室内设计。

2. 建筑装饰设计的思维方式有系统思维、综合思维、创造性思维和图示思维。

3. 建筑装饰设计的项目实施程序由以下几个步骤组成：设计任务书的制定，项目设计内容的社会调研，项目概念设计与专业协调，确定方案与施工图设计，材料选择与施工现场服务。图面作业程序分为设计概念和方案构思、方案设计、施工图设计3个部分。

4. 设计前的准备工作包括：分析设计任务书，信息的整理，条件分析，功能分析。

5. 设计概念就是对设计任务的多方面因素进行思考和定位的结果，就是一个“做什么”的问题。方案的构思是设计师运用专业知识，通过对室内空间设计要素的组织和安排，将脑中的预想变为可视的草图图纸的过程，即“怎样做”或“如何表现”的问题。

6. 方案设计包括：建筑装饰室内平面设计，建筑装饰顶棚设计，建筑装饰立面设计，建筑装饰家具、设备设计，建筑装饰剖面设计，透视效果图绘制。室内平面设计包括：平面功能设计，平面流线设计，平面形态设计，地面设计。建筑装饰立面设计包括：立面形态设计，立面界面设计。

7. 施工图设计是设计师以方案图为前提，对整个设计项目的最后决策，它需要涉及设计方案的施工材料、施工技术、施工工艺等多方面问题。设计师必须与结构、水电、空调、消防等专业人员进行充分的协调，综合解决各种技术问题。

8. 设计的后期工作包括：设计交底，施工现场服务，工程验收，日常维护。

9. 成为建筑装饰设计师的基本知识和修养技能：具备一定的建筑基础知识；具备一定的专业图纸绘制能力；具备建筑装饰设计理论知识；具备建筑装饰技术知识；具备其他相关学科的知识；具备采集资料的能力。

10. 养成良好的设计师习惯：在生活中汲取知识；学会与业主沟通；绘制徒手草图；培养立体空间思维能力和训练发散型思维；学会总结经验。

## 思考题

5－1　建筑装饰设计的项目实施程序步骤是怎样的？

5－2　建筑装饰设计师应具备哪些素质？

**进一步阅读推荐书目**

黎志涛．室内设计方法入门．1 版．北京：中国建筑工业出版社，2004.

刘旭．图解室内设计思维．1 版．北京：中国建筑工业出版社，2007.

刘旭．图解室内设计手法．1 版．北京：中国建筑工业出版社，2007.

郑曙阳．室内设计·思维与方法．1 版．北京：中国建筑工业出版社，2003.

尼跃红．高等艺术设计专业系列教材——室内设计基础．1 版．北京：中国纺织出版社，2004.

# 6 建筑装饰设计实用透视

**学习目标**

1. 了解透视的概念及其在建筑装饰设计中的作用。
2. 掌握建筑装饰设计实用透视的绘制方法。

**学习重点**

1. 建筑装饰设计实用透视的作用和特点。
2. 建筑装饰设计实用透视的绘制方法。

## 6.1 透视的常用术语

### 6.1.1 透视的基本概念

透视图形与真实物体在某些概念方面是不一致的。所谓“近大远小”是一种“错觉”现象，然而这种“错觉”却符合物体在人们眼球的水晶体上所呈现的图像，因此，它又是一种真实的感觉。

如图 6－1 所示，由于人们的视觉关系，所看到的同样宽窄的道路、田野，越远越窄，同样宽窄的树木、电线杆，越远越小，最后消失不见了。这就是透视现象。

透视，表现画面中各种物体相互之间的空间关系或位置关系，可分为形体透视（也称几何形透视）和空气透视。形体透视是根据光学和数学的原理，在平面上用线条来图示物体的空间位置、轮廓和明暗投影。按照灭点的不同，形体透视分为平行透视（一个灭点）、成角透视（两个灭点）和斜透视（三个灭点及以上）。空气透视是研究和表现空间距离对于物体的色彩及明显度所起的作用，也叫“远近法”。图 6－2 所示即为平行透视。

图 6－1 透视现象

图 6－2 会议室透视效果

以简单几何体为例，作几何形透视效果的徒手练习，包括一点透视的正方体练习、两点透视的正方体练习和圆柱体练习，如图 6－3、图 6－4 和图 6－5 所示。

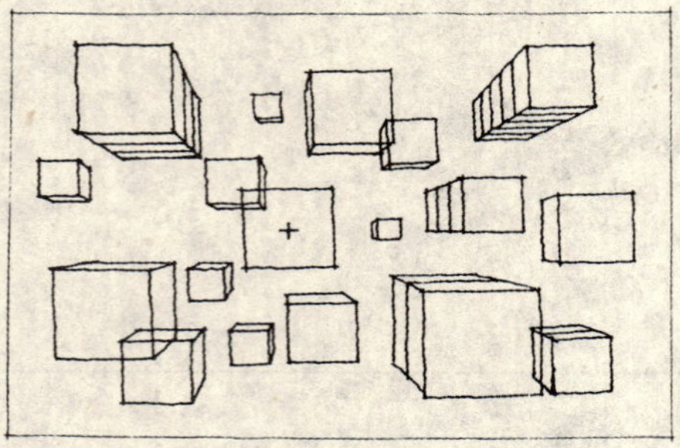

图 6－3 一点透视的正方体练习

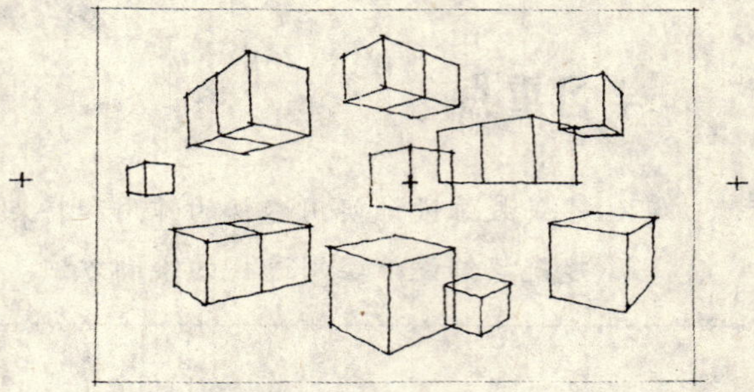

图 6－4 两点透视的正方体练习

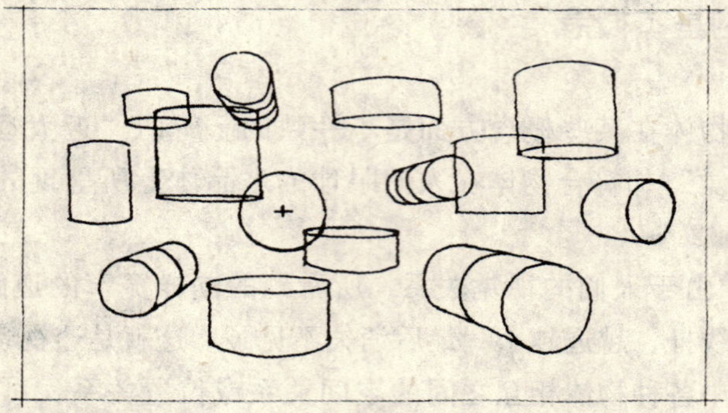

图 6－5 圆柱体练习

### 6.1.2 透视常用术语及名称解释

（1）立点（*SP*）：画者站立的位置，也称足点。

（2）视点（*EP*）：画者眼睛的位置。

（3）视高（*EL*）：立点到视点的高度。

（4）视平线（*HL*）：与画者眼睛平行的水平线。

（5）画面（*PP*）：画者与物体间的假设面，或称垂直投影面。

（6）基面（*GP*）：物体放置的平面。

（7）基线（*GL*）：假设的垂直投影面与基面交接线。

（8）心点（*CV*）：画者眼睛（视点）正对着视平线，在画面上的投影点。

（9）灭点（*VP*）：与基面相平行，但不与基线平行的若干条线在无穷远处汇集的点，也称消失点。

（10）测点（*M*）：求透视图中物体尺度的测量点，也称量点。

（11）真高线：在透视图中能反映物体空间真实高度的尺寸线。

如图 6－6 所示，“透视”就像是透过假设的一块玻璃（画面 *PP*）观看前面的物体时，在玻璃（画面 *PP*）上反映出物体图像，此图像就是透视图形。

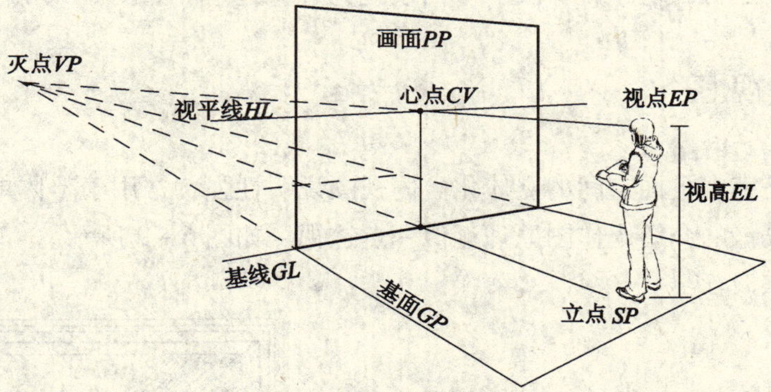


**图 6－6　透视基本原理及名称解释**

## 6.2 室内透视图的分类及特征

### 6.2.1 一点透视（平行透视）

矩形室内空间的一面与画面平行，其他垂直于画面的诸线将汇聚于视平线中心的灭点上，与心点重合，如图 6－7 所示。

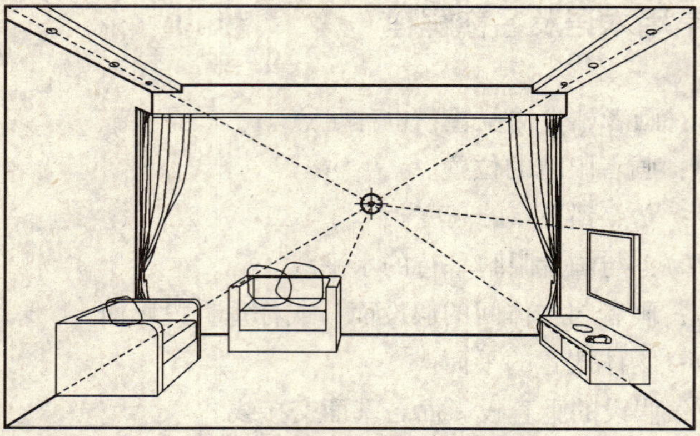

图 6-7 一点透视

### 6.2.2 两点透视

矩形室内空间的所有立面与画面成斜角度，其诸线条分别消失于视平线左右的两个灭点上，其中，斜角度大的一面的灭点距心点近，斜角度小的一面的灭点距心点远。高于视平线的平面表现为近高远低；低于视平线的平面表现为近低远高。如图 6-8 所示。

### 6.2.3 俯视图

俯视图实际是室内平面空间的立体化。俯视图说明性强，常用于整体单元的各个室内空间的功能与布置设计的介绍，作图原理近似一点透视。如图 6-9 所示。

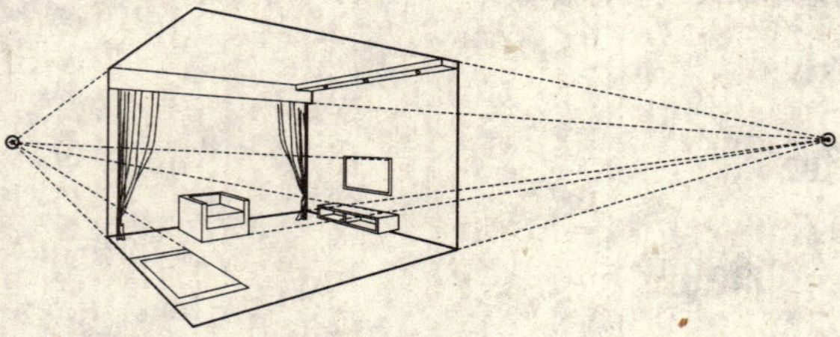

图 6-8 两点透视

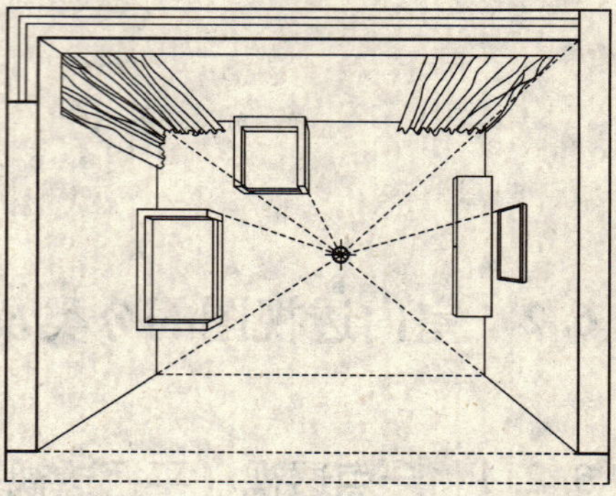

图 6-9 俯视图

# 6.3 室内透视图的画法

## 6.3.1 一点透视图的画法

一点透视，其最大特点是心点与灭点重合。它的使用最为普遍，其表现的范围广，内容多，说明性强，便于用丁字尺、三角尺作图，因而相对简便、快捷而实用。以下为两种一点透视作图法。

**1. 足线法作图**

足线法作图，适宜于施工图完成后的作图，作图步骤如下：

如图 6－10 所示，将平面图按所要画的范围折叠，紧靠在绘图底稿纸上，定图边线 *PP*，在 *PP* 线下方留出足够的空间，确定 *GL*（基线）。

以等比例的立面图的空间高度尺寸和平面图长度尺寸为依据完成 *ABCD* 外框架，以 *AB* 或 *DC* 为真高线，在 1.5 m 高度作视平线 *HL*。

在 *PP* 线下方的空白中选定合适的立点 *SP*，并连接平面图中各个内角及转折点，连线交于 *PP* 线。

将 *SP* 向下垂直延伸，交 *HL* 于 *VP*，*VP* 即为透视图的心点，连接 *ABCD* 外框的四角。

过 *PP* 线上的各连线的交点分别向下作垂线找出各点在透视图中的空间位置，利用真高线尺寸即可求得透视图内各点的空间高度。

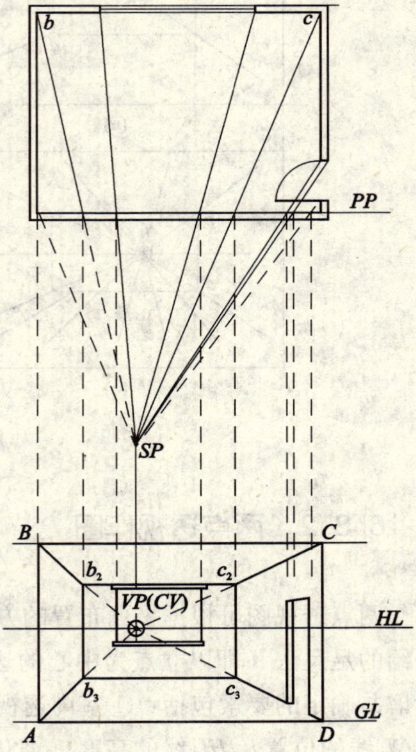


**图 6－10 足线法作图**

**2. 量线法作图**

量线法作图，适宜于设计探讨过程中的作图，作图前需主观考虑和确定的要素包括：①作图比例；②墙面大小和位置；③心点 *CV* 和灭点 *VP* 的位置（两者重合）。

具体作图步骤如下：

如图 6－11 所示，按设计要求确立主立面的高宽比例 *a*，*b*，*c*，*d*，并设定视平线 *HL* 及心点 *CV*，连接 *CVa*，*CVb*，*CVc*，*CVd* 并延长，在 *cd* 线右侧的视平线的延长线上确定视点 *EP*（*EP* 与 *cd* 的间距表示观察者离开内墙面的距离）。

在 *ad* 的延长线上作适当的等分点 $d_1$，$d_2$，$d_3$，$d_4$…即作室内进深尺寸的量点，将 *EP*

与各分点连接并延长，交 *CVd* 点的延长线于 $d'_1$，$d'_2$，$d'_3$，$d'_4$…，随后再分别过 $d'_1$，$d'_2$，$d'_3$，$d'_4$ 作水平线、垂直线，组成大小不同的矩形，这些矩形的边即为室内进深透视的基准线。

在 *ad* 线和 *bc* 线上，分别作适当的等分点，确定室内横向量点，由灭点 *CV* 经过所作等分的量点可作顶棚和地面横向分隔的基准线，如图 6－11（c）所示。

有了进深透视的基准线后，室内空间的立体骨架即可形成，*ab* 垂线为真高线，室内所有的高度都在 *ab* 线上量取。

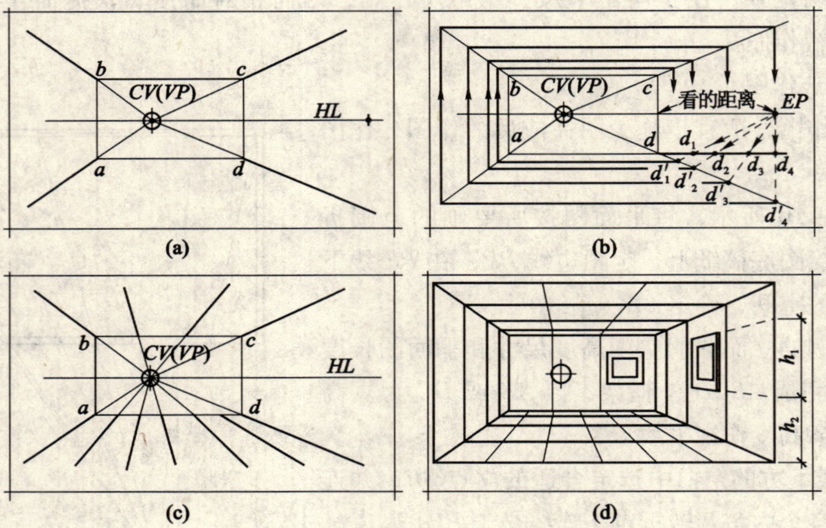


**图 6－11　量线作图法**

## 6.3.2　两点透视作图

两点透视图可根据平面布置的方向，选择最佳角度，以利于设计主体的重点表现。下面介绍的足尺法（即以立点为中心的透视法）是两点透视中常用的一种方法，作图前需主观考虑并确定的要素包括：①室内透视的视线角度；②*PP* 线的位置以及与平面图相接的角度；③*GL* 线的位置及 *HL* 线的高度；④*SP* 点在 *PP* 线下方的位置。

足尺法作图步骤：

如图 6－12 所示，确定平面图的内容范围及其与 *PP* 线间的夹角，设定 *GL* 线的位置并画出视平线 *HL*，在 *PP* 线下方确定足点 *SP*，并由此点分别作平行于两墙面的直线交 *PP* 线于 $P_1$，$P_2$，再过 $P_1$，$P_2$ 点向下作垂线交 *HL* 线于 $VP_1$，$VP_2$ 点，$VP_1$ 和 $VP_2$ 即为两灭点。

由与 *PP* 线相连的两内墙面的点 *c*，*d* 向下作垂线交 *GL* 线于 *a*，*b* 两点，在此任意一点的垂线上确定顶棚的真高度 *ae*（或 *bf*）。

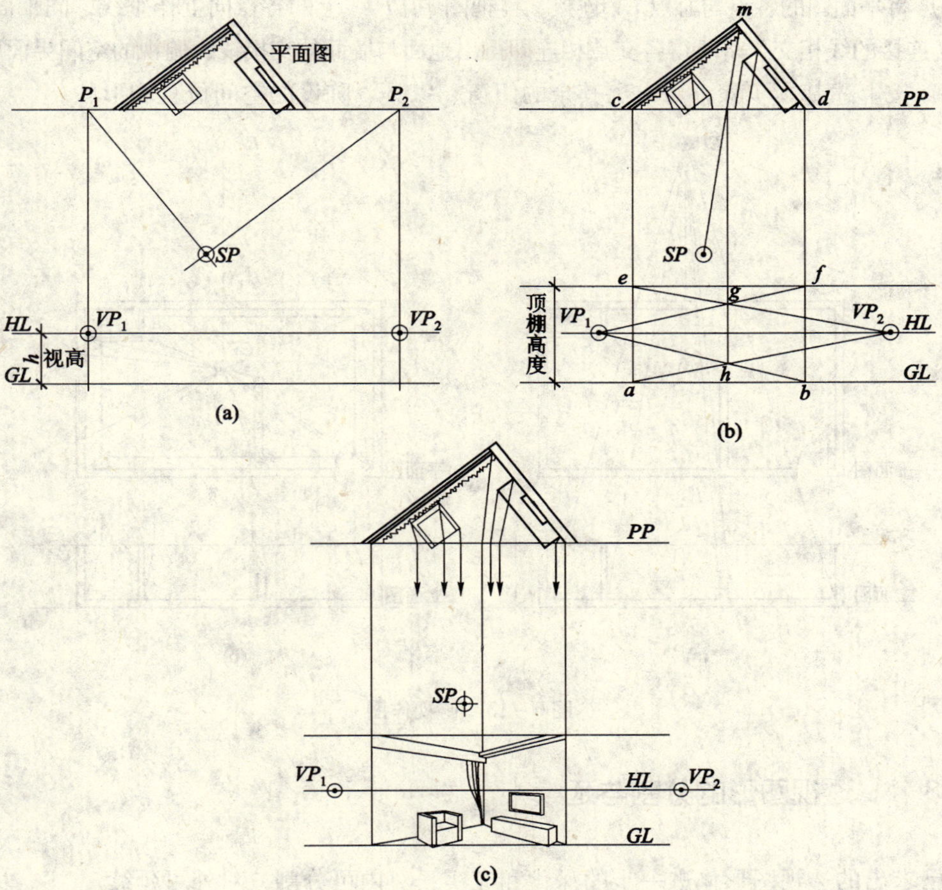


图 6-12　两点透视作图

## 6.3.3 俯视作图

俯视图可用一点、两点及三点透视作图，这里只介绍一点足尺法，即从室内的顶部鸟瞰，它能简明地表达室内空间的各个界面，整体性强，作图便捷。

用一点足尺法在作图前需主观考虑并确定的要素包括：①平、立面图的比例与大小；②设定剖切的室内断面高度及画面 *PP* 的位置；③平面图中心点 *CV* 的位置和视点 *EP* 的位置。

作图步骤：

（1）在图纸上画出平面图与立面图，确定剖切的高度（一般取 2 m 左右，如鸟瞰连续多个房间，为避免遮挡，可取得再低一些），作 *PP* 线，根据表现内容选定心点 *CV* 以及在该点垂直上方的合适位置确定视点 *EP*，并将立面上的各点与 *EP* 连接，求得在 *PP* 线上的各交叉点（见图 6-13）。

（2）将平面图的各点与心点 CV 连接，再把图中 PP 线上的各点向上作垂线，同平面内的各点与 CV 连接的线相交，将所得各交点相连即得出地面与墙面的交接线，俯视的空间界面即可见。

（3）按上述基本步骤，可求出其余的门窗、家具、陈设的空间位置和形状。

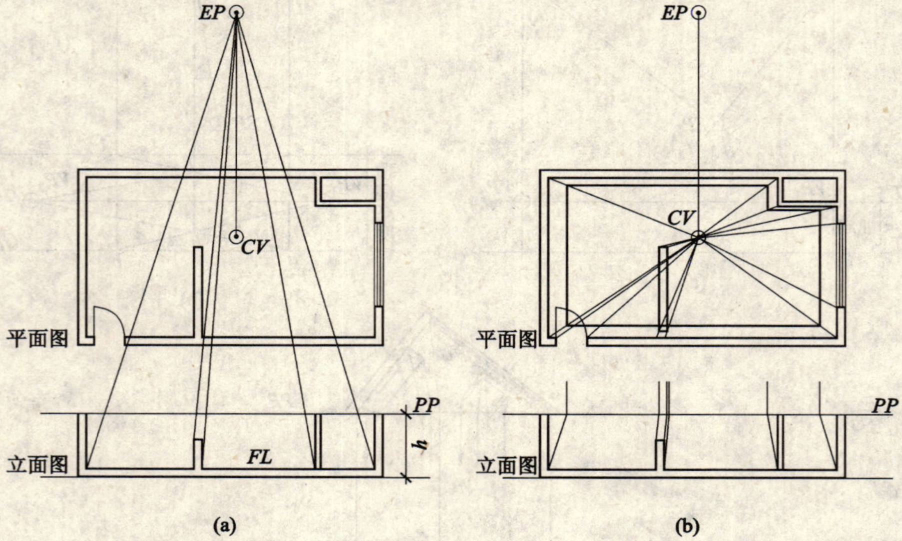


图 6－13 俯视作图

## 6.3.4 透视图形的分割与延续

对已求出的透视图形作进一步的深化和充实，对内可分割，对外可延续。

**1. 任意线段分割透视面**

如图 6－14 所示，首先在 ABCD 图的下方作任意水平线 XX′，然后在图外视平线 HL 上任意确定一点 E，将 E 与图形的下边线 BC 两端点分别连接并延长，交 XX′于 B′C′，将 B′C′按需要等分，得等距离点。然后将各点与 E 点连接，即可求得透视图形上的等分段。同理，也可在 ABCD 图内取点 E′，方法同上。

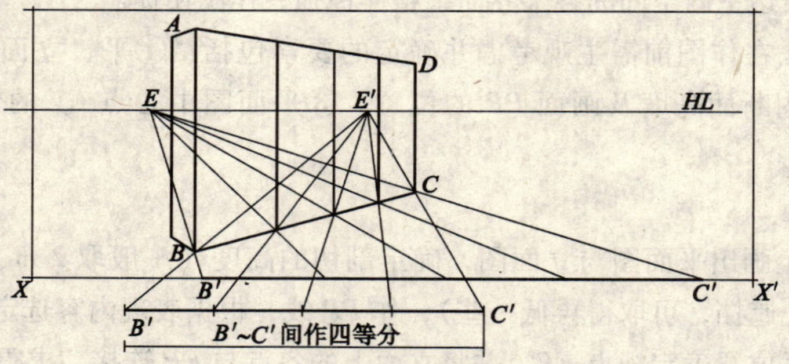


图 6－14 任意线段分割透视面

**2. 垂直线方向等分透视面**

如图6-15所示，首先等分透视图形*ABCD*的*AB*边，分别将各等分点与灭点*VP*相连，再连接对角线*AC*（或*BD*），过*AC*各分点作垂线，即将*ABCD*透视图形等分。

（1）利用对角线分割透视面

如图6-16所示，以四等分透视图形*ABCD*为例：①作*AC*对角线；②作*DB*对角线；③得中心交点*x*，过*x*作垂直线*EF*即得到两分割面，然后重复上述方法，分别再次分割*ABFE*面和*EFCD*面即可。

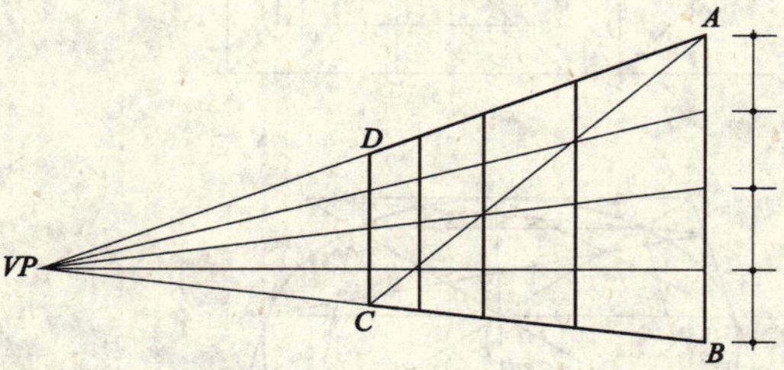


图6-15 垂直线方向等分透视面

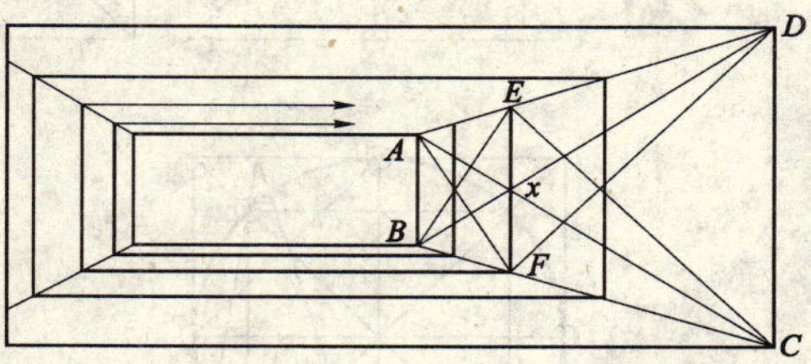


图6-16 利用对角线分割透视面

（2）利用对角线延续透视面

如图6-17所示，以延续矩形*ABCD*为例：①作*AC*和*BD*的对角线，得交点*E*；②过*E*点作*AD*的平行线，平分*CD*于*F*点；③连接*AF*并延长交*BC*的延长线于*G*点，过*G*点作垂线交*AD*延长线于*H*点，*DCGH*即为该透视面的延伸面，以此类推完成系列化的连续透视面。

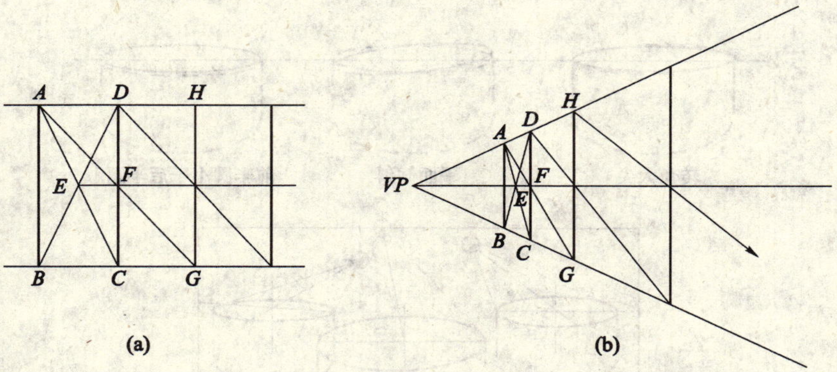


图6-17 利用对角线延续透视面

## 6.3.5 圆形的透视

圆的透视变形按画法几何求图较为复杂，以目测判断、随意勾画又常出差错，这就需要首先弄清圆形透视的基本原理，掌握徒手画圆的有关要领，只有在大量的认识、作图、再认识、再作图……的反复实践过程中，才能熟能生巧地画好各种圆形透视。

(1) 用外切正方形确定圆的透视（八点求圆），即水平面圆形和垂直面圆形的透视切点。如图 6－18 所示。

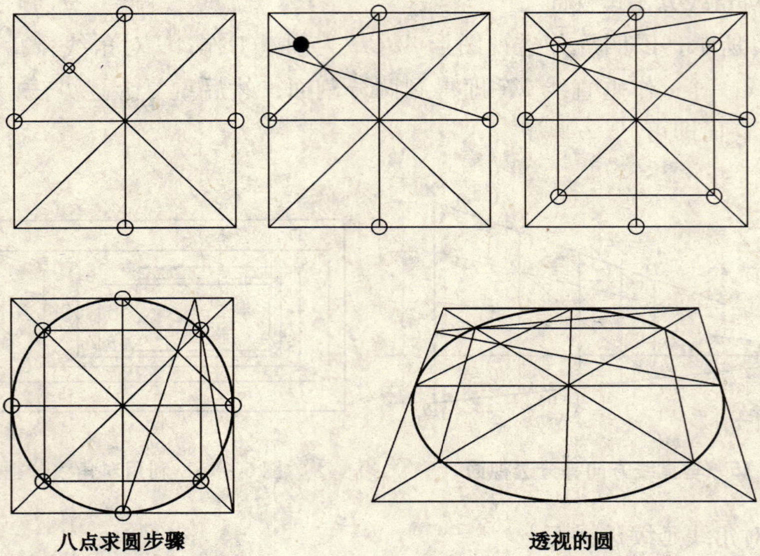


图 6－18　八点求圆法

(2) 徒手画圆常出的毛病：转角太尖，平面倾斜，前后半圆关系不对，灭点不一致。如图 6－19 所示。

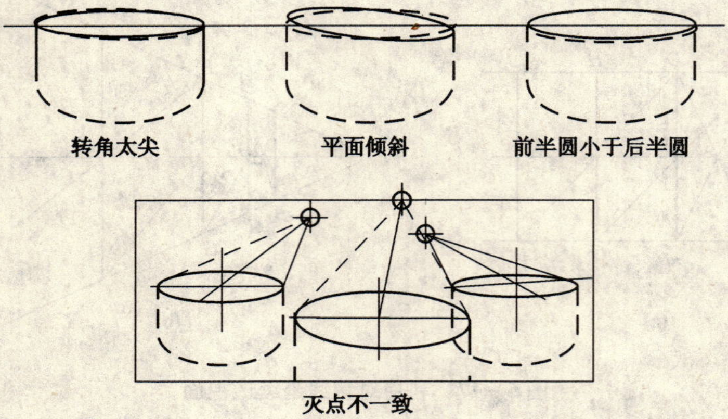


图 6－19　徒手画圆常见的毛病

(3) 徒手画圆要领：

凡水平圆，圆面两端连线始终水平；

水平圆左右始终对称；

左右两端转角始终为圆角，绝不能画成尖角；

前半圆略大于后半圆；

离视平线越近圆面越窄，反之越宽；

画圆形运笔平稳、顺畅，可分左右两半完成。

## 6.3.6 透视角度的选择

室内表现图画面的透视角度要根据室内设计的内容和要求以及空间形态的特征进行选择。一个合适的角度既能突出重点，清楚地表达设计构思，又能在艺术构图方面避免单调。从不同的角度观看同一空间的布置，会产生完全不同的效果。因此，在正式作图之前，应多选择几个角度或视点，勾画数幅小草稿，从中选择最佳角度或视点画成正式图。如图 6－20 所示。

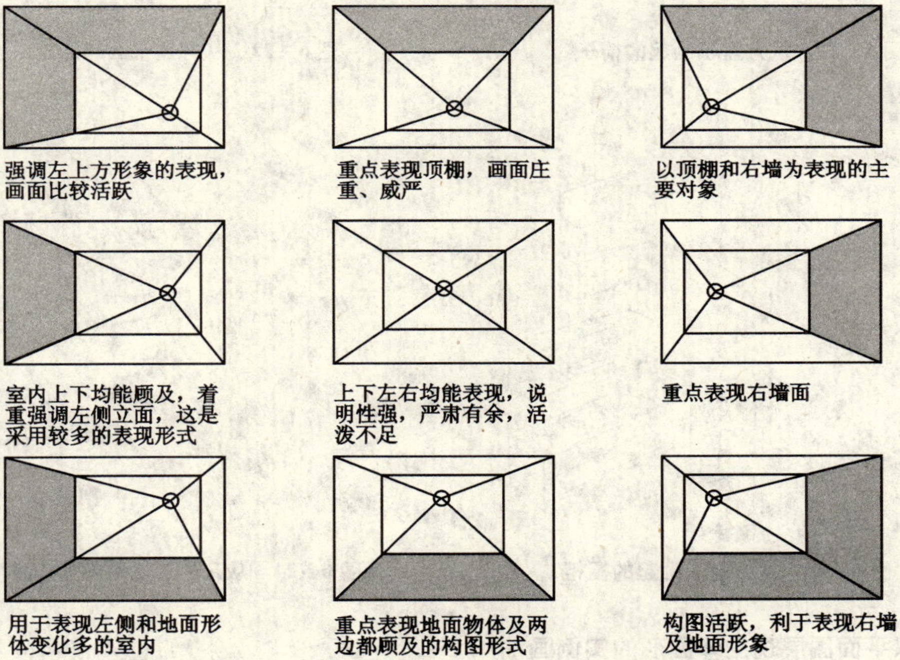


**图 6－20 透视角度的选择**

## 6.3.7 立体简略图画法

一般人理解平面图都会感觉比较费劲，虽然可以用透视图来描绘平面图，但仍然很难产生与日常生活相联系的感觉。这里，附加介绍一种立体简略图画法，即将平面图简单地立体化，这是一种使人理解设计师所作设计的画图技法。

**1. 从方盒子开始的家具画法**

如图 6－21、图 6－22、图 6－23 和图 6－24 所示。

图 6－21 从方盒子画起的椅子

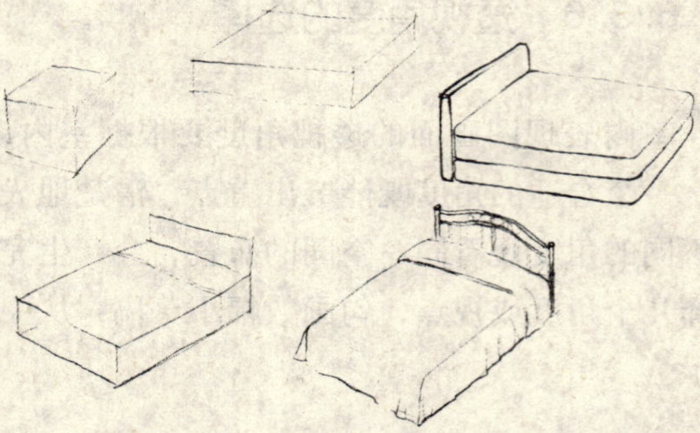

图 6－22 从方盒子画起的床

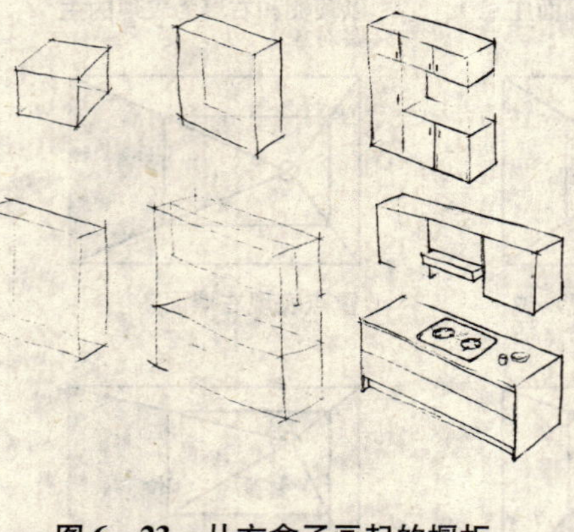

图 6－23 从方盒子画起的橱柜

图 6－24 从几何形体画起的沙发

**2. 以平面图展现立体图形的实例画法**

将平面图画出，并画出等距间隔线，可以以 1 m 或 0.5 m 为单位。将平面图在纸上旋转任意角度（30°～120°为宜），然后垂直向上画出墙体高度，比例与平面图相同，再依次画出室内家具等物体的高度。如图 6－25、图 6－26、图 6－27 分别为浴室、起居室、餐厅、厨房立体简略图画法。

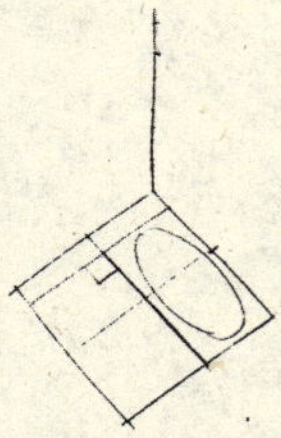

画出平面图，旋转一定角度，
画出900 mm间隔线，
取出高度，约2 400 mm

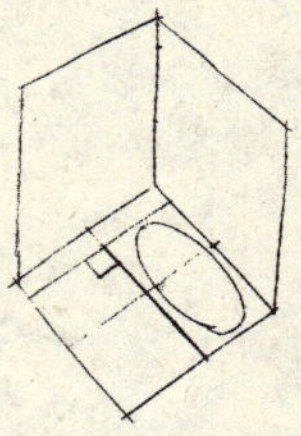

在2 400 mm点上画出与地面
平行的线，画出墙面

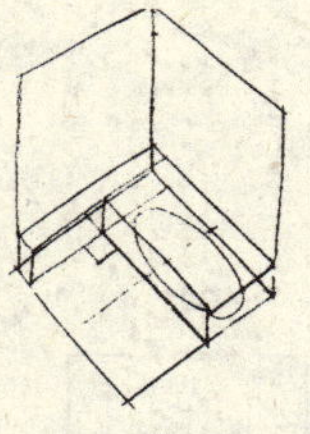

矮柜和浴盆(高400 mm)，
大约在900 mm间隔点一
半位置，画上平行线

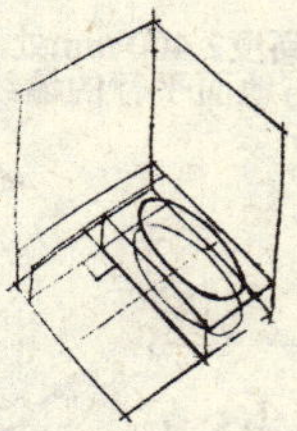

在浴盆上方(高400 mm)
再画一个椭圆形

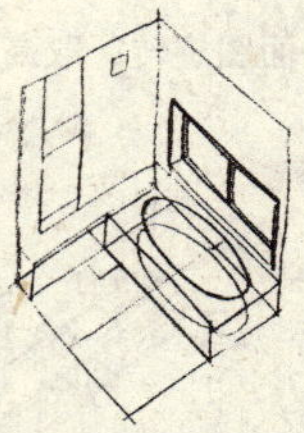

描绘窗户(窗台高1 000 mm，
窗高1 400 mm)，窗厚度依
墙厚定

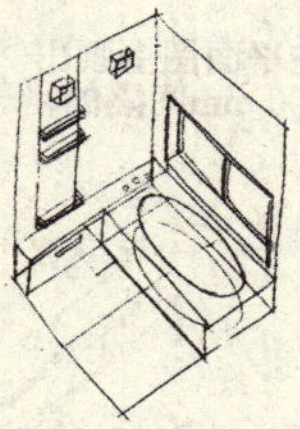

墙壁上画上镜子及灯

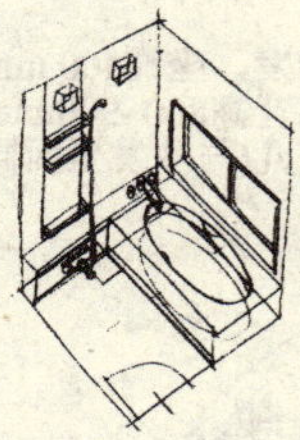

画出水龙头，并立体化，
不需注意细部

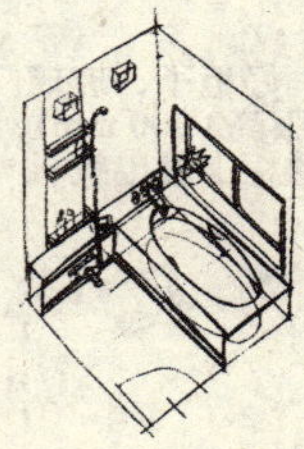

画上装饰物，不必太钻研，
快速描绘

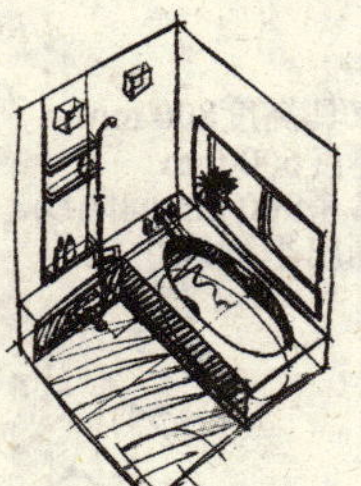

加上阴影，以波纹
表现浴盆里的水

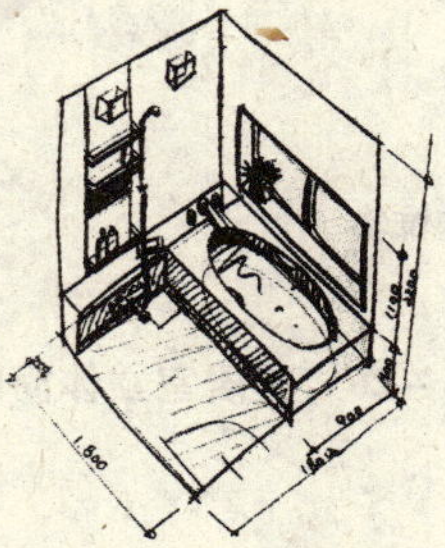

注明尺寸，帮助解说

**图 6－25　浴室立体简略图画法**

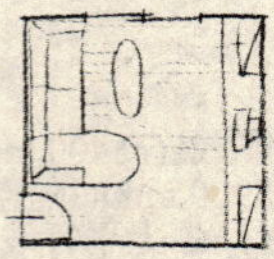

在平面图上画出
900 mm间隔的格子

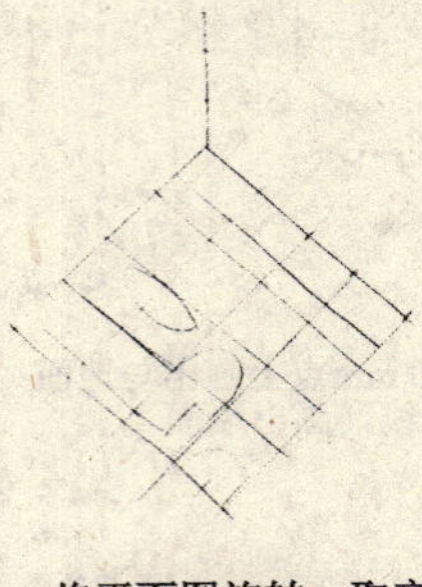

将平面图旋转，取高度

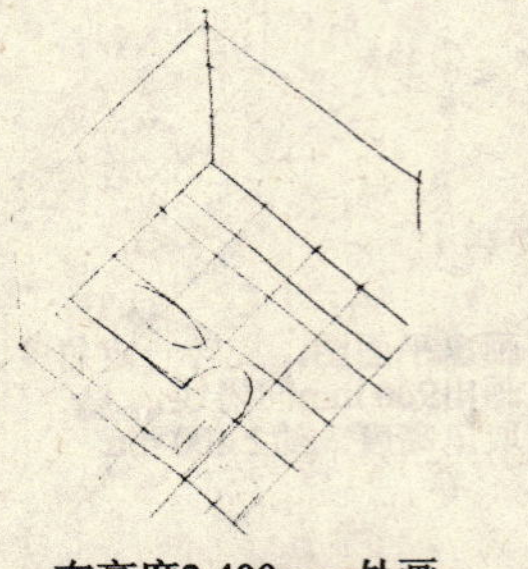

在高度2 400 mm处画
出与地面平行的墙线

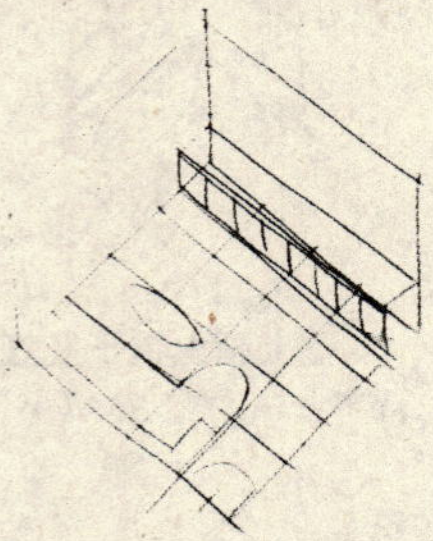

家具高度800 mm，
厚度600 mm
参考900 mm间隔线，
画出平行线

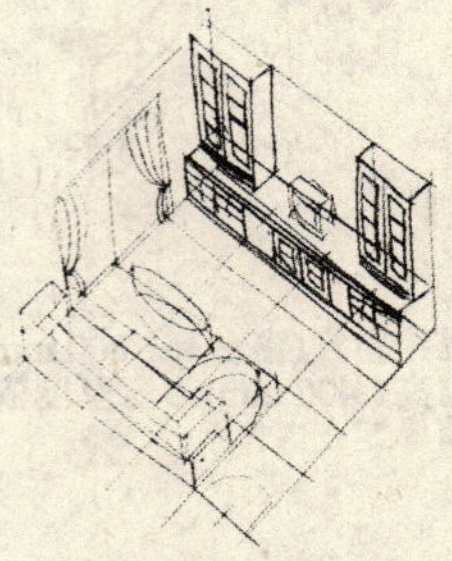

画好柜子、玻璃门、
门(高2 000 mm)，
矮柜上画电视机

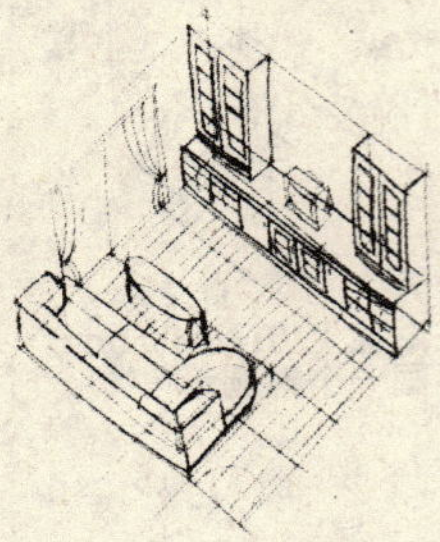

沙发，坐高400 mm，
靠背高800~900 mm
茶几(与沙发坐面同高)

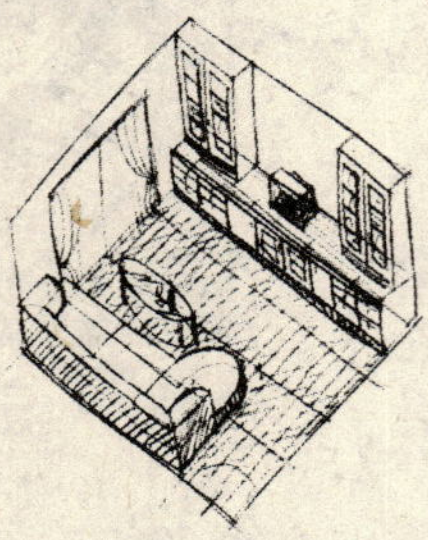

加上地板线，画出装饰物

完成

图6－26 起居室立体简略图画法

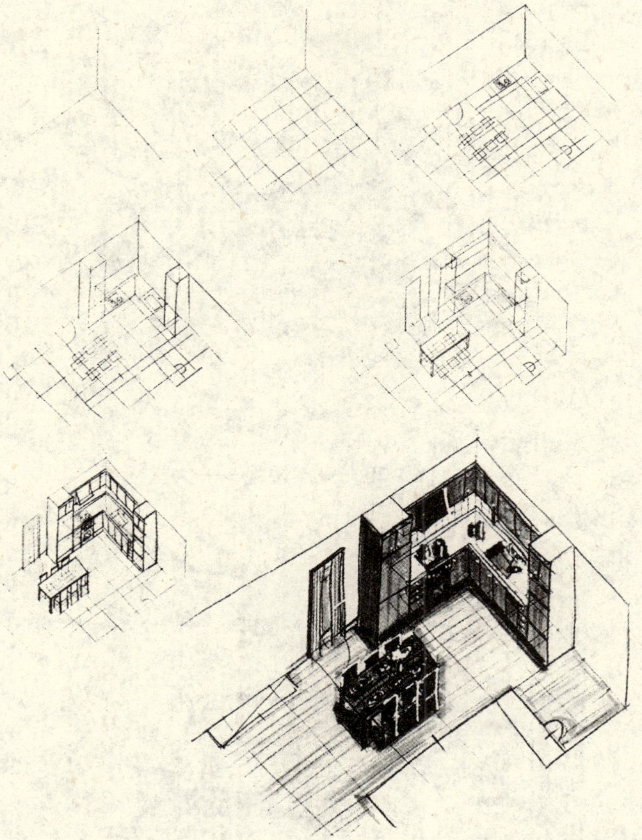

图 6 - 27 餐厅、厨房立体简略图画法

图 6 - 28 至图 6 - 33 为一点透视和两点透视设计作品。

图 6 - 28 两点透视——餐厅

图 6－29 一点透视——大堂

图 6－30 一点透视——楼梯空间改造

图 6－31 一点透视——卧室

卧室透视一角

图 6－32　一点透视——卧室

图 6－33　一点透视——电梯厅

## 小　　结

1. 透视现象及透视基本原理。
2. 透视的特征与分类。

3. 室内实用透视的画法。

4. 立体简略图的画法。

# 思考题

6－1 透视基本原理是什么？

6－2 透视有哪些分类？

6－3 分别用一点、两点、立体简略法，画出图 6－34 的室内透视图。

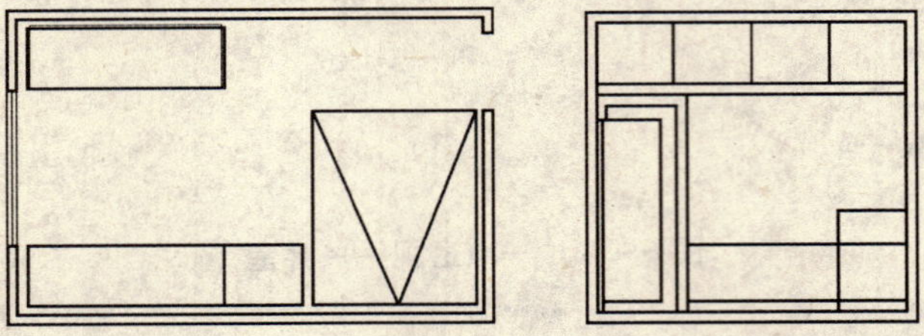

**图 6－34**

**进一步阅读推荐书目**

靳克群．室内设计透视图画法．天津：天津大学出版社，2003.

王炳耀．透视画法．天津：天津人民美术出版社，2007.

# 7 建筑装饰设计专业图示表达

**学习目标**

1. 掌握建筑装饰设计平面图、顶面图、立面图、剖面图的绘制。
2. 理解建筑装饰设计制图基本知识。
3. 了解建筑装饰设计节点大样图、效果表现图的绘制。

**学习重点**

1. 建筑装饰设计制图基本知识。
2. 建筑装饰设计平面布置图、顶面图、立面图、剖面图。
3. 建筑装饰设计节点详图。

## 7.1 建筑装饰施工图制图基本知识

### 7.1.1 建筑装饰施工图的目的

建筑装饰施工图是在建筑设计施工图的基础上，结合艺术设计的要求，详细表达建筑内部空间的装饰做法及整体效果的专业图，是建筑装饰专业图示表达的重要组成部分。建筑装饰设计施工过程中，设计师需要用统一的专业语言来表达设计思想，进行专业交流，同时借助一系列的图样，将建筑物内部的空间构成、内部布置、装饰构造以及其他施工要求，准确而详尽地表达出来，作为后续施工的依据。建筑装饰施工图图纸是建筑装饰工程不可缺少的重要技术资料，所有从事建筑装饰工程设计的人员都必须掌握规范的建筑装饰施工图制图技能。

### 7.1.2 建筑装饰施工图的主要内容和特点

**1. 建筑装饰施工图的内容**

建筑装饰施工图以材料构造体系和空间尺度体系作为基础，“制图标准”是施工图绘制阶段的主要依据。但建筑装饰施工图目前还没有统一的国家制图标准，基本上沿用国家的《房屋建筑制图统一标准》和参照一些其他相关专业的标准，如家具、机械、电子等的标准。

概括起来，装饰施工图的内容包括平面布置图、顶棚平面图、装饰立面图、装饰剖面图和节点详图等。

**2. 建筑装饰施工图的作用**

建筑装饰施工图设计文件在工程施工中起着主导作用。装饰施工图是编制施工组织计划，预算和安排材料、设备的定货规格和数量，进行非标准的材料、构件的制作，安排工程施工及安装，并进行工程验收及竣工核算的依据。

**3. 建筑装饰施工图的特点**

（1）建筑装饰设计以建筑设计为前提

建筑装饰设计是二次设计，建筑装饰设计是在建筑设计之后进行，受到已有建筑物空间结构的制约，墙、柱、板等不能随意改动，只能在建筑物主体内部组织空间，设计各个界面，配置家具等。建筑装饰施工图绘制时，需要参考各种建筑平、立面图，剖面图，考虑建筑物总体布局、外部造型、内部布置、细部构造、建筑材料和原有建筑构配件的尺寸关系。建筑装饰施工图与建筑施工图的图示方法、尺寸标注、图例代号等基本相同。对于已经在建筑设计工程图中绘制的，而且与装饰设计关系不是很密切的部分无需重复绘制。

（2）建筑装饰施工图设计的精确性

装饰施工图就是装饰施工过程中的一个控制标准。方案与初步设计是装饰施工图的前提，但是再好的构思和表现，倘若离开施工图作为标准的控制，则可能最后流于纸上谈兵。施工图必须具有精确性，不仅要表示各房间的布局设计、界面设计，还必须确定设计的具体尺寸、厚度、材料与定位，室内构造节点具体材料及做法，确定家具、织物、陈设、绿化具体位置等。

（3）建筑装饰施工图对局部绘制更加细致

建筑装饰施工图所要表现的内容比较多，所用比例较大，有些细部描绘比建筑施工图更细致。建筑装饰设计中的标准化、定型化设计较少，可采用的标准图不多，以致建筑装饰施工图中大部分局部和配件都需要设计人员专门绘制详图来表明其构造。

### 7.1.3 绘制建筑装饰施工图的一般要求

建筑装饰施工图属于建筑图和房屋建筑工程图类，因此制图的规范要求应符合 GB/T

50001—2001《房屋建筑制图统一标准》、GB/T 50104—2001《建筑制图标准》、GB/T 50105—2001《建筑结构制图标准》的规定，这些国家标准于2001—11—01发布，2002—03—01实施。

**1. 图纸的幅面与格式**

图框为图纸上所供绘图范围的边线。

标题栏一般位于图纸的右下角，注明设计单位、设计日期、工程名称、图名、图号和负责人签字。会签栏位于图纸的左上角图框线处。

图纸使用有两种形式：横式幅面和立式幅面。以短边作为垂直边的图纸称横式幅面，以短边作为水平边的图纸称立式幅面，A0 ~ A3图纸宜用横式，A4图纸多用于目录和表格，并常常为立式。图纸的短边不应加长，长边可以加长，A4图纸一般不加长。不留装订边的图纸，其图框格式如图7-1（a）所示，尺寸按表7-1的规定。留有装订边的图纸，其图框格式如图7-1（b）所示，尺寸按表7-1的规定。

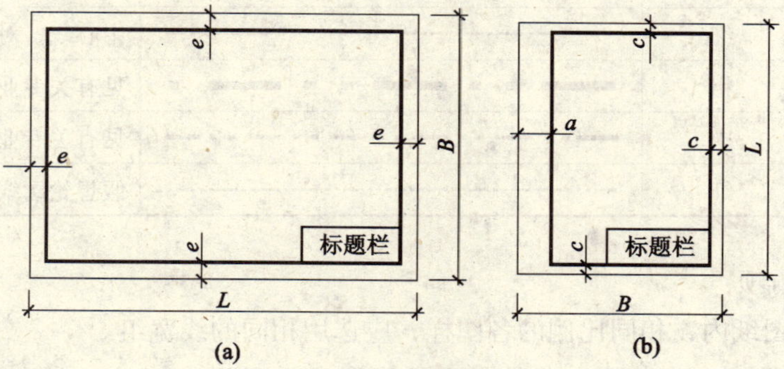


**图7-1 图纸的幅面**

（a）不留装订边的A0 ~ A3图纸的横式幅面；（b）留有装订边的A4图纸的立式幅面

**表7-1 图纸幅面及图框尺寸**

mm

| 幅面 / 代号 | A0 | A1 | A2 | A3 | A4 |
|---|---|---|---|---|---|
| $B \times L$ | 841 × 1 189 | 594 × 841 | 420 × 594 | 297 × 420 | 210 × 297 |
| $e$ | 20 | | 10 | | |
| $c$ | 10 | | | 5 | |
| $a$ | 25 | | | | |

**2. 线 型**

画在图纸上的线条统称为图线。图线的两个基本特性是线型和线宽，如表7-2所示。

常用的线型有实线、虚线、点画线和折断线。除折断线为细线外，其他线型均有粗、中、细之分。由于建筑装饰里所说的粗、中、细，是一个相对的概念，粗、中、细线的宽度比例常取4:2:1，粗线的宽度约为0.35～1.0 mm。

表7－2 线型

| 线型名称及代码 | | 线　型 | 一般用途 |
| --- | --- | --- | --- |
| 实线01 | 粗 | | 主要可见轮廓线 |
| | 中 | | 可见轮廓线 |
| | 细 | | 可见轮廓线、图例线等 |
| 虚线02 | 粗 | | 见有关专业制图标准 |
| | 中 | | 不可见轮廓线 |
| | 细 | | 不可见轮廓线、图例线等 |
| 点画线03 | 粗 | | 见有关专业制图标准 |
| | 中 | | 见有关专业制图标准 |
| | 细 | | 中心线、对称线 |
| 双点画线05 | 粗 | | 见有关专业制图标准 |
| | 中 | | 见有关专业制图标准 |
| | 细 | | 假想轮廓线、原始轮廓线 |

画线时注意事项：

（1）同一张图纸内，相同比例的各图样，应选用相同的线宽组。

（2）图线不得与文字、数字或符号重叠、混淆。不可避免时，应首先保证文字等的清晰。

（3）虚线、单点长画线或双点长画线的线段长度和间隙，宜各自相等。一般虚线线段长度可取3～6 mm，线段间距可取0.5～1 mm。

（4）相互平行的图线，其间隙不宜小于其中的粗线宽度，且不宜小于0.7 mm。

（5）图线交接的画法：①点画线相交时，应在线段部分相交；点画线的起始与终了应该为线段。②虚线与虚线交接或虚线与其他图线交接时，应是线段交接。虚线为实线的延长线时，不得与实线连接。虚线与虚线或与其他图线相交于垂足处时，垂足处不应留有空隙。③圆与圆或与其他图线相切时，在切点处的图线应正好是单根图线的宽度。④圆心应以中心线的线段交点表示，中心线应超出圆周。

**3. 字　体**

图样及说明中的汉字，宜采用长仿宋体。仿宋字的特点：横平竖直、起落分明、笔锋满格、布局均匀。

大标题、图册封面、地形图等的汉字，也可书写成其他字体，均应笔画清晰、字体端正、排列整齐。

数字或符号、标点符号应清楚正确、易于辨认。拉丁字母和数字可写成竖体字或斜体字，字体的高度不应小于2.5 mm。拉丁字母I，O，Z不宜在图中使用，以防与数字1，0，2混淆。

文字的字高在系列中选用：字高2.5 mm，3.5 mm，5 mm，7 mm，10 mm，14 mm，20 mm。高度与宽度的关系应符合表7-3所示规定。

**表7-3 字高与字宽的关系** mm

| | | | | | | | |
|---|---|---|---|---|---|---|---|
| 字 高 | 20 | 14 | 10 | 7 | 5 | 3.5 | 2.5 |
| 字 宽 | 14 | 10 | 7 | 5 | 3.5 | 2.5 | 1.8 |

**4. 比例与图名**

图样中的比例是指图形与实物相对应的线性尺寸之比。建筑装饰图纸中，平面图可用1:200，1:100或者1:50；立面图或反映空间关系的大剖面图可用1:100，1:50，1:40，1:30或更大的比例；详图则要根据构配件的大小和复杂程度定比例，常用的有1:50，1:40，1:30，1:20，1:10等。平面图、剖面图的图名和比例尺应写在图样的下面或一角。比例尺的字号，应比图名的字号小一号或小两号。

**5. 尺 寸**

图上所注的尺寸数值是物体的真实大小，与画图所用比例无关，通常以mm为单位。相对于建筑施工图中，尺寸标注采用中轴线到中轴线的方式，建筑装饰施工图需要按照实际需要的尺寸标注。

尺寸标注包括尺寸线、尺寸界线、尺寸起止符号和尺寸数字4部分（见图7-2）。尺寸界线用细实线表示，垂直于被标注的轮廓线。尺寸线也用细实线表示，平行与被标注的轮廓线。尺寸起止符号用中粗的短斜线或小圆点表示，短斜线倾斜方向从尺寸界线顺时针旋转45度，长度为2~3 mm。尺寸数字标注在尺寸线上方。同一图纸，尺寸数字应大小相同。多道尺寸标注时，第一道尺寸线距离最外轮廓线距离为15 mm，相邻两道尺寸线间距为8 mm。

图7-3~图7-9为尺寸标注示例、多层尺寸标注、半径、圆直径、弧度、角度等的尺寸标注。

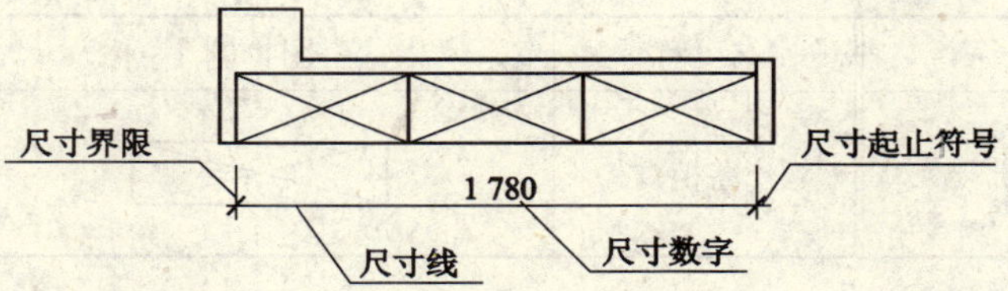


图7-2 尺寸标注

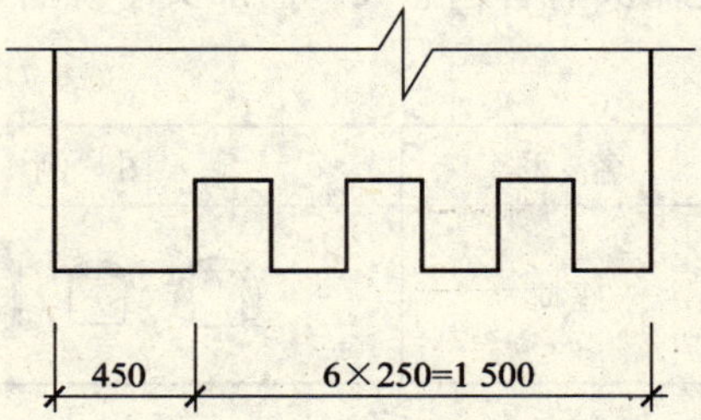


图7-3 凹凸形平面尺寸标注示例

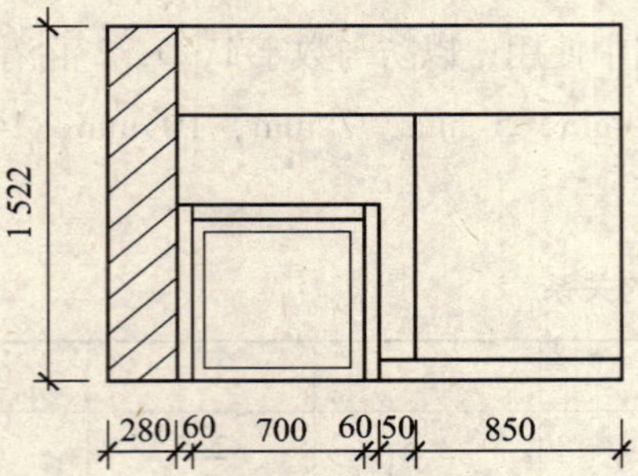


图 7－4　尺寸标注示例

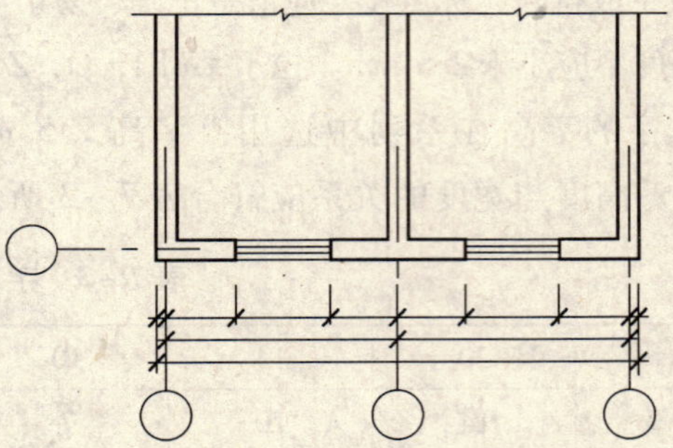

图 7－5　多层尺寸标注

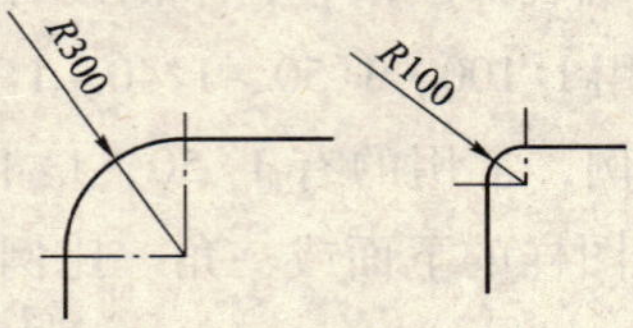


图 7－6　半径标注

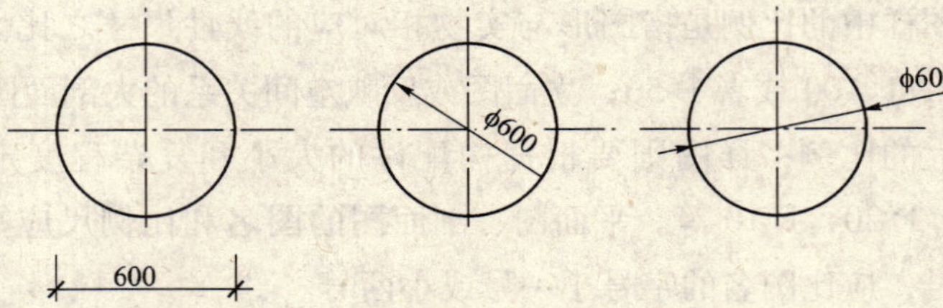


图 7－7　圆直径标注

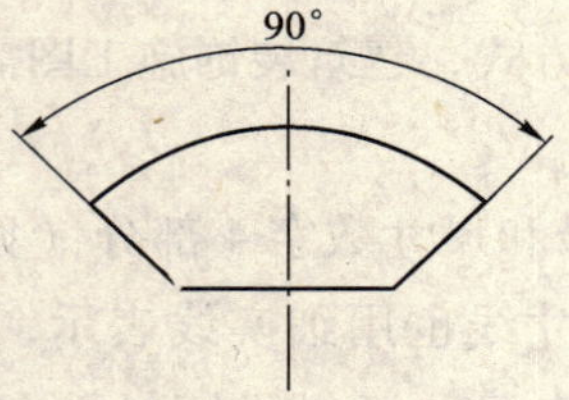


图 7－8　弧度标注

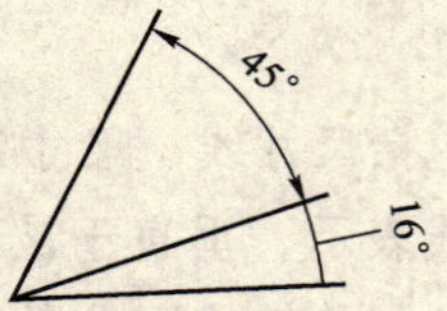


图 7－9　角度标注

## 7.1.4 建筑装饰施工图图例

建筑装饰施工图尚未有统一的规范图例，只有一些装饰设计人员惯用的图例。多数图例还不具有普遍意义，需加文字说明，如表 7－4 和表 7－5 所示。

**表 7－4　建筑装饰平面图家具示例**

| 名　称 | 图　例 | 名　称 | 图　例 |
|---|---|---|---|
| 座椅 |  | 高柜 | 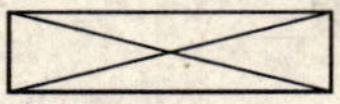 |

续表

| 名称 | 图例 |
|---|---|
| 茶几 |  |
| 单人沙发 | 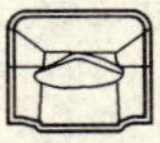 |
| 双人沙发 | 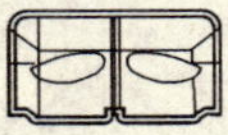 |
| 三人沙发 | 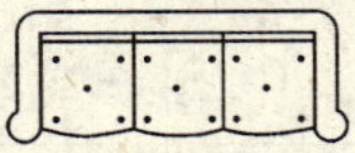 |
| 电视 |  |
| 六人餐桌椅 | 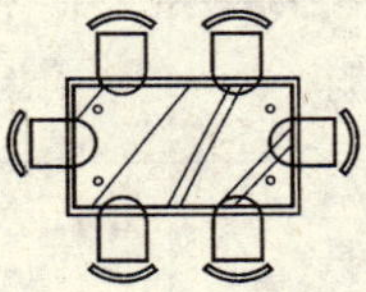 |
| 四人餐桌椅 | 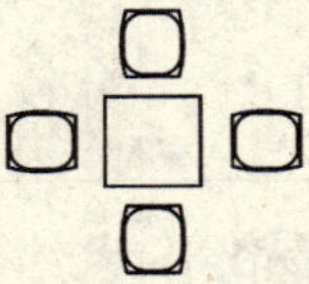 |
| 单人床 |  |
| 双人床 | 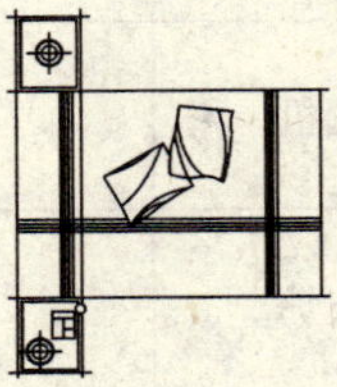 |
| 书桌椅 | 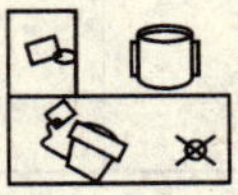 |

| 名称 | 图例 |
|---|---|
| 矮柜 | 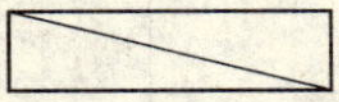 |
| 床头柜 |  |
| 钢琴 | 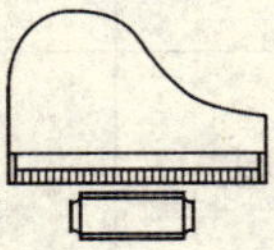 |
| 淋浴间 |  |
| 洗手盆 |  |
| 浴缸 | 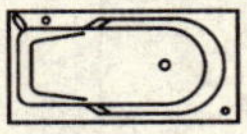 |
| 抽水马桶 |  |
| 洗衣机 |  |
| 单水槽 |  |
| 双水槽 | 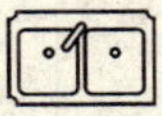 |
| 煤气灶 | 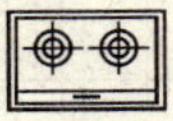 |
| 吊灯 | 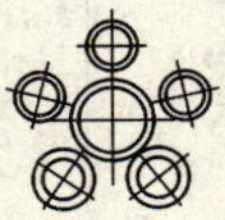 |
| 灯具 |  |
| 浴霸 |  |
| 排气扇 |  |

表7－5 建筑装饰立面图家具示例

| 名 称 | 图 例 | 名 称 | 图 例 |
| --- | --- | --- | --- |
| 座椅 |  | 衣柜 | 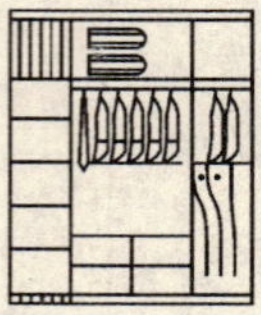 |
| 单人沙发 |  | 洗手盆 | 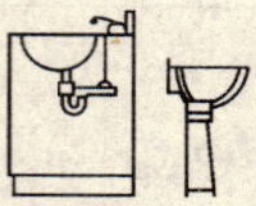 |
| 双人沙发 | 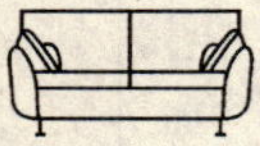 | 吊灯 |  |
| 三人沙发 | 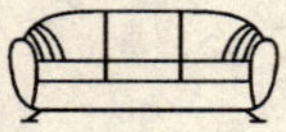 | 灯具 |  |
| 电视 | 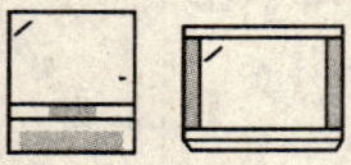 | 台灯 |  |
| 六人餐桌椅 |  | 抽水马桶 |  |
| 四人餐桌椅 |  | 洗衣机 |  |
| 双人床 | 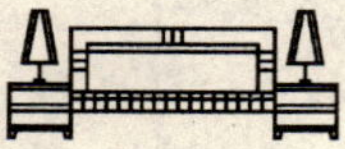 | 油烟机 | 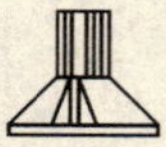 |
| 床 | 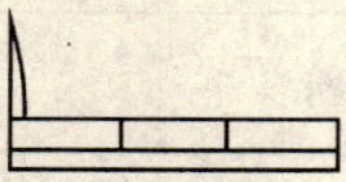 | 微波炉 |  |
| | | 煤气灶 |  |

续表

| 名 称 | 图 例 | 名 称 | 图 例 |
|---|---|---|---|
| 装饰画 |  | 饮水机 |  |
| 床头柜 | 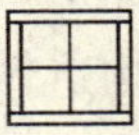  | | |
| 窗帘 | 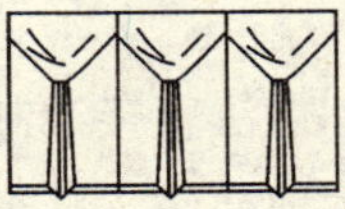 | 冰箱 | 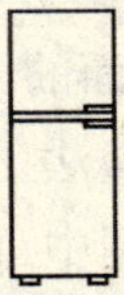 |

## 7.2 建筑装饰施工图的设计及表达

建筑装饰施工图包括平面布置图、顶棚平面图、装饰立面图、装饰剖面图和节点详图等。

### 7.2.1 平面布置图

**1. 平面布置图的概念**

平面布置图是室内设计施工图中最基本、最主要的图，是生成立面图、剖面图及详图等图的依据，也是其他相关工种（结构、水暖、照明等）进行分项设计与制图的重要依据。平面图是假想用一水平的剖切平面，沿需装饰的房间的门窗洞口处作水平全剖切，移去上面部分，剩下部分在水平面上的正投影图（屋顶平面图应在屋面以上俯视）。平面图表达设计中对每个楼层及各个房间的功能、家具及设施的布置，地面材料的选择，以及施工尺寸、标高、详图的索引符号等全部资料。

**2. 平面布置图的主要内容和表示方法**

（1）建筑平面基本结构和尺寸

平面布置图内应包括剖切面及投影方向可见的建筑平面以及必要的尺寸、标高等，如需将高窗、洞口、通气孔、槽、地沟等不可见部分表示出来，则应以虚线绘制。平面图还应包括原有建筑中被保留下来的以及新增的柱与墙、主要轴线与编号、轴线间的尺寸和总尺寸。平面图还应包括最后确定下来的墙、柱、门、窗、楼梯、电梯、自动扶梯、管道井、阳台和屋顶平台和各个房间的名称。平面布置图的范围，以房间内部为主。因此，在多数情况下，台阶、散水、明沟与雨篷等室外的东西均不表示。在比例尺较小的图样中，墙和柱可不必画砖、混凝土等材料图例。为使图样清晰，可将钢筋混凝土墙或柱涂成黑颜色。

（2）室内装饰结构的平面形式和位置

平面布置图需要标注出楼地面的标高、楼梯平台的标高及不同地面材料的分界线，标明门窗的开启方式及尺寸，标示出门窗和门窗套、护墙板或墙裙、各种固定隔断、装饰柱、厨房及厕所设备、花台、水池及橱柜的装饰结构的平面布置、具体形状及尺寸，标明饰面的材料和工艺要求等。为了使图面的表达更为详尽周到，在材料和构造做法边，标注必要的文字说明是必需的。

① 楼地面的绘制

当地面做法比较简单时，可将其地面形式、材料和做法直接绘制和标注在平面图上。如在居室平面图中可以画平行线表示条木地板，方格表示地面砖，其平行线的间距和方格的大小不一定与实际的木地板的宽窄和地面砖的大小相一致。

当地面做法比较复杂时，可在平面图中选一块家具不多的地方按照实际分格的大小画出地面分格线，并标注尺寸、材料规格、名称和颜色。

另外，还可以在平面图内部直接通过引出线标注地面做法，如图 7－13 所示标注出“实木复合地板”等。

② 门窗的绘制

平面图上，要按所设计的位置、尺寸和规定的图例画出门、窗，包括高窗和门洞。一般情况下，可以不注门窗号。在比例尺较小的图样中，门扇可用单线（中粗线）表示，且可以不画开启方向线；在比例尺较大的图样中，为使图面丰富，可将门扇画出厚度，并加画开启方向线。平面图上门窗的平面形式主要用图例表示，其装饰应按比例和投影关系绘制。

（3）室内家具等的绘制

平面图还需要绘制室内家具、设备、陈设、织物、绿化的摆放位置及说明，对一些有门的橱柜，还应表示出橱门、柜门的开启方向。在比例尺较大的平面图中，特别是卧室、客厅等平面图中可用波浪线表示窗帘，用简化了的图案表示工艺地毯，绘制家具与陈设的外轮廓，并视情况填充家具陈设的纹理。在比例尺较小的平面图中，只需要用简单图例绘制家具与陈设即可，窗帘和地毯可以不画。

（4）平面图的比例、线型和标示符号

为了给图以总的提示，平面图还应有图名、图的比例等。平面图的比例一般采用 1:100，1:50，内容比较少时采用 1:200。

平面图的线型：用粗实线表示被剖切到的墙、柱等结构体的轮廓，其他内容均用细实线表示。

平面图上尺寸内容有 3 种：①建筑结构体的尺寸，一般套用建筑平面图的轴间尺寸和门窗洞、洞间墙尺寸；②装饰结构或装饰物的外轮廓尺寸和家具、设备等尺寸；③组成装饰面和装饰物各构件及其相互关系的尺寸，标示出各种装饰材料的规格，材料之间以及材料与主体结构之间的连接固定方法。而装饰结构和家具布置的尺寸主要在平面图图内标注，可直接标注在它们的附近。

平面图上还应该标注各种视图符号，各面墙的立面投影符号、剖切符号、索引符号等（见图7－10）。剖切索引符号是由直径为10 mm 的圆和水平直径组成，圆和水平直径均应以细实线绘制（见图7－11）。

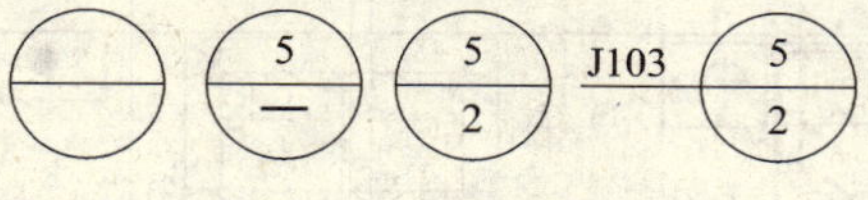


图7－10　平面图索引符号

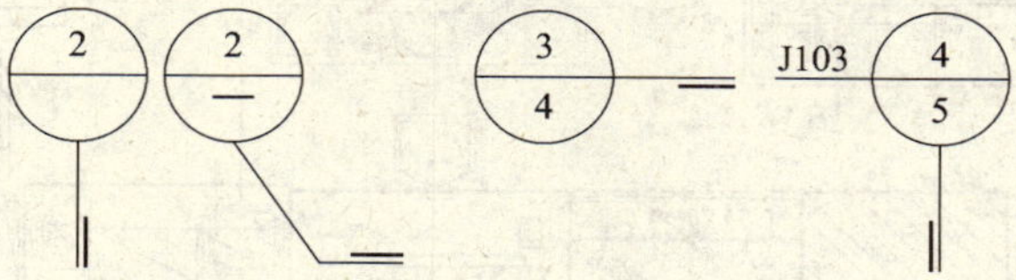


图7－11　平面图剖切符号

在平面图中还需要标出装饰剖面图的剖切位置，其剖切符号应在平面图上标注出。剖切符号由剖切位置线和剖视方向线组成。剖切线与剖视方向线都是短粗线，它们垂直相交，呈曲尺形而不呈十字形，剖切线不应与建筑轮廓线相接触。

平面图中，定位轴线一般应编号，编号应注写在轴线端部的圆内。圆应用细实线绘制，直径为 8 ~ 10 mm。定位轴线应以细点画线绘制。定位轴线圆的圆心，应在定位轴线的延长线上或延长线的折线上。平面图上定位轴线的编号，宜注写在图样的下方与左侧。横向编号应用阿拉伯数字，从左至右顺序编写，竖向编号应用大写拉丁字母，从下至上顺序编写，如图7－12 所示。

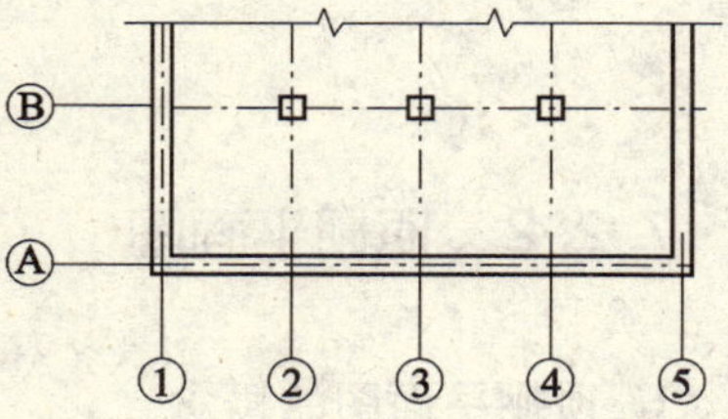


图7－12　平面图轴线编号

平面图中，用立面投影符号表示室内各立面的投影方向和投影面编号。绘制投影符号时，要注意三角形的水平边或正方形的对角线应与投影面平行，投影符号编号一般用大写拉丁字母表示，并将投影面编号写在相应立面图的下方作为图名，如 A 立面图、B 立面图等。图7－13 例示了某住宅平面布置图。

**3. 装饰平面尺寸图的主要内容和表示方法**

当工程项目比较复杂，特别是新增的墙、柱、门、窗等构配件较多时，除了平面布置图外，还应专门绘制一个能够清晰反映整个结构和各种构配件的平面尺寸图。平面尺寸图标示出固定的设备与设施，移动的家具和陈设的尺寸不在平面尺寸图绘制范围之内。除此之外，平面尺寸图的主要内容还应有：原有和新增墙、柱等构件的定位尺寸、自身尺寸、材料和做法；原有和新增楼梯、电梯、自动扶梯、管道井、栏杆、台阶、坡道等的定位尺寸、自身尺寸、材料和做法；原有和新增门、窗、洞口、固定隔断、固定家具、固定设备及装饰造型的定位尺寸、自身尺寸、材料和做法。

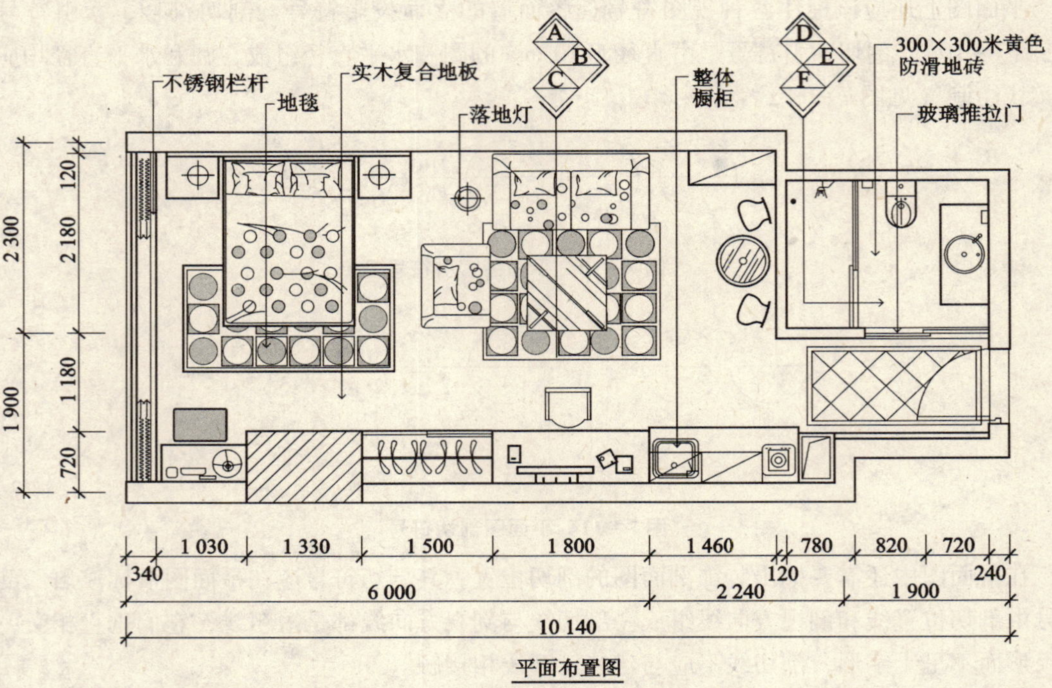


图 7－13 某住宅平面布置图

## 7.2.2 顶棚平面图

**1. 顶棚平面图的概念**

顶棚平面图有两种形成方法：一是用一个假想的水平剖切平面，沿需装饰房间的门窗洞口处作水平全剖切，移去下面部分，向上作直接正投影而成；二是采用影像投影法，将地面视为镜面，对镜中顶棚的形象作正投影而成。顶棚平面图所表达的是各层室内的照明方式，灯具，消防感烟，喷淋布置，空调设备的进、回风口位置以及各级吊顶的标高、材料、索引符号等。

**2. 顶棚平面图的基本内容与表示法**

（1）顶棚平面图上的墙柱和门窗洞口位置

顶棚平面图一般都采用镜像投影法绘制，不图示门窗及其开启方向线，只图示门窗过梁底面。顶棚平面图上被剖到的墙与柱，须用粗实线绘制，在一般情况下，不必画材料图例，也不必涂黑。楼梯间的顶棚平面图要画出楼梯间的墙，但可以不画楼梯踏步。

（2）顶棚平面图上的顶棚造型

如果顶棚有跌级变化，则须绘制每一部分造型的平面分区线，标注每一部分造型的标高。标高符号应以直角等腰三角形表示，如图 7－14 所示。顶棚平面图上需要标注所用材料的规格、品种及其施工要求。

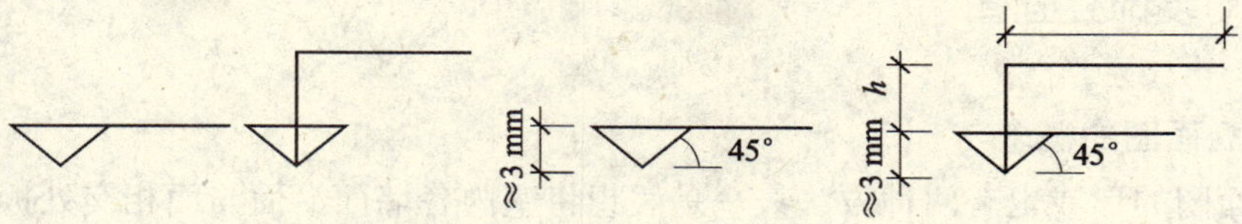


图 7－14 标高符号表示方法

(3) 顶棚平面图上的灯具等

顶棚平面图上的灯具需标明顶部灯具的种类、式样、规格、数量及安装位置。顶棚平面图上的小型灯具用一个细实线圆表示，大型灯具可按比例画出它的正投影外形轮廓，力求简明概括。如果顶棚灯具设备比较多，可以在顶棚图右下角绘制灯具设备表，附加文字说明。

顶棚平面图上还应标明空调风口、烟感、喷淋、音响设备、墙体顶部有关装饰配件(如窗帘盒、窗帘、浮雕及线角等装饰)的布置形式与安装位置。

顶棚平面图的比例，一般与平面图相同。

图 7－15 为某住宅顶棚平面图。

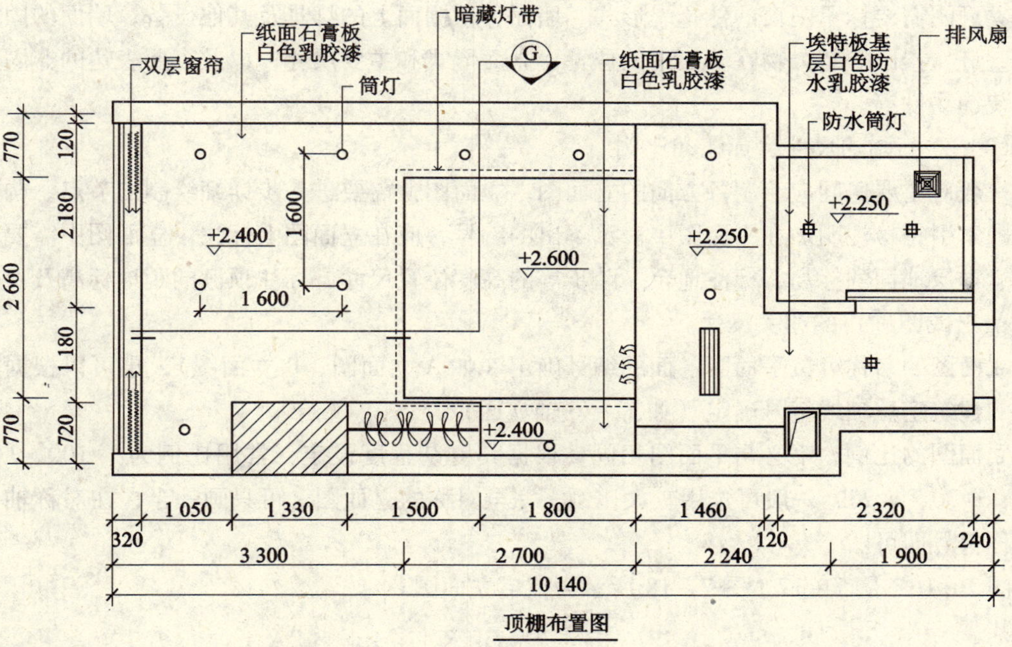


图 7－15 某住宅顶棚平面图

### 7.2.3 装饰立面图

**1. 装饰立面图的概念**

装饰立面图的形成也有两种方法：一是假想将室内各墙面沿面与面相交处拆开，移去暂时不予图示的墙面，将剩下的墙面及其装饰布置向铅直投影面作投影而成；二是假想将室内空间用垂直面剖开，移去剖切平面前面的部分，对余下内部墙面向垂直面作的正投影图就是装饰立面图。立面图用以表达室内装饰结构在各立面方向的造型、饰面处理，剖切到的顶棚的断面形状，以及在投影面看到的灯具或风管等内容。

**2. 立面图的主要内容和表示方法**

（1）室内装饰结构的立面形式和位置

立面图中需要标明建筑结构的主要立面轮廓及材料图例，墙面与顶棚面相交处的收边做法，以及各个立面装饰的造型和式样，并用文字说明其饰面材料的产品名称、规格、色彩和工艺要求。平面形状曲折的室内，可绘制展开室内立面图。

（2）墙面装饰的立面形式和位置

立面图需要标示门窗的位置、形式，墙面、顶棚面上的灯具及其他设备，墙面的固定家具、壁灯、挂画等装饰物在墙面中的位置、立面形式和主要尺寸，以及需要表达的非固定家具、装饰物件等。

（3）立面图的尺寸、标注和比例

一般对主要房间应绘制各方向的立面图，立面图上需要进一步详细绘制的节点、构造应用详图索引符号注明。在平面图中表示不出的编号，应在立面图上标注。立面图中需要标注相对于本层地面的标高，标注地台、踏步等的高度位置尺寸，标注顶棚的距地标高及顶棚造型（凸出或凹进）的相关尺寸。

立面图的名称可按平面图各面的编号确定（如 A 立面图、B 立面图），也可以根据立面两端的建筑定位轴线编号确定（如①~⑥轴立面）。

立面图的比例，不必与平面图相同，根据其复杂程度设定，常用比例为 1∶100，1∶50，1∶40，1∶30，1∶25，一般可选用较大比例。完全对称的立面图，可只画一半，在对称轴处加绘对称符号即可。

图 7－16、图 7－17、图 7－18 所示为住宅立面图。

### 7.2.4 装饰剖面图

**1. 装饰剖面图的概念**

装饰剖面图是将装饰面（或装饰体）整体剖开（或局部剖开）后，得到的反映内部装饰结构做法和各饰面材料之间关系的正投影图。室内界面的层次与材料构造主要在剖面图里表现。

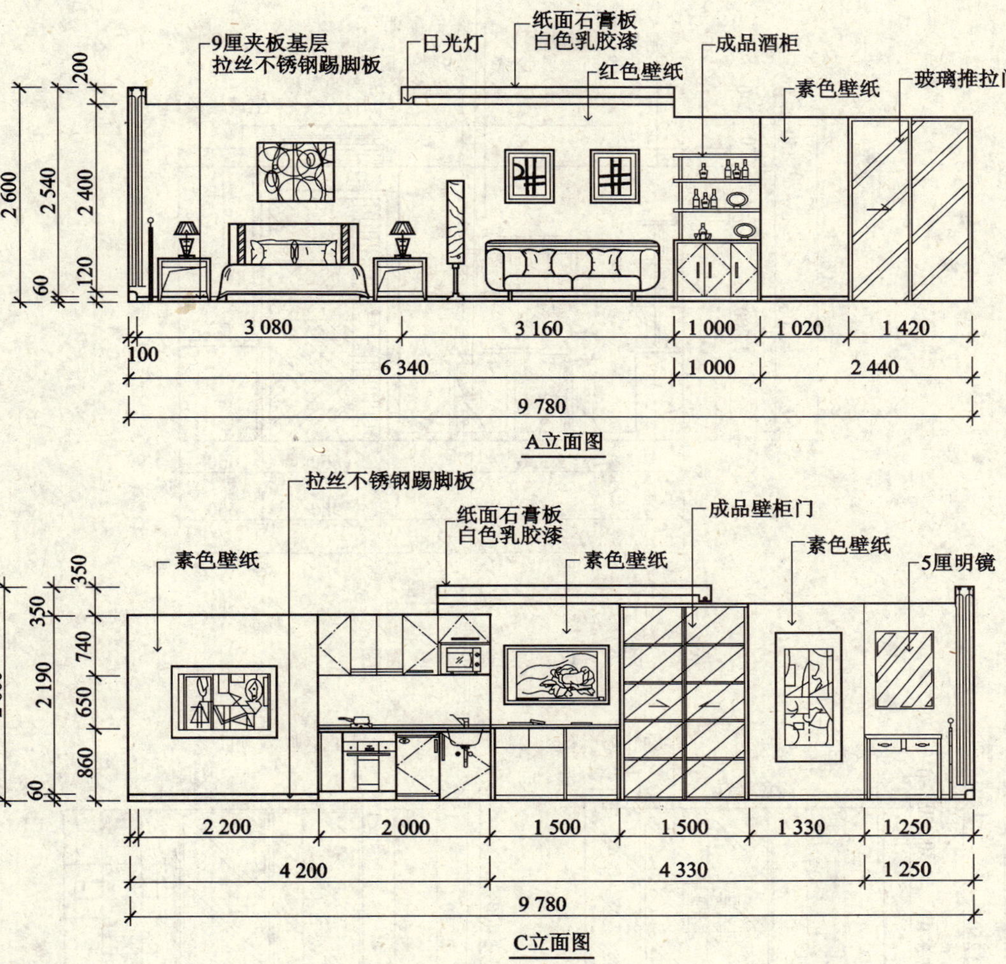


图 7-16 某住宅 A 立面、C 立面图

剖面图与前面提到的立面图的主要区别是：剖面图是用竖直剖切面剖切后形成的，图中必须绘制被剖到的侧墙及顶部楼板和顶棚；而立面图是直接绘制垂直界面的正投影图，不必画左右两侧墙及楼板的结构，只要画出左右墙的内表面及底界面的上表皮和顶界面的下表皮即可。

**2. 剖面图的主要内容和表示方法**

剖面图的主要内容：标明建筑的剖面基本结构和剖切空间的基本形状，并注明建筑主体结构的有关尺寸和标高；标明装饰结构的剖面形状、构造形式、材料组成及装饰结构与建筑主体之间的衔接尺寸与连接方式；标明被剖到的门、窗、洞口、固定家具、固定设备、隔断、台阶、栏杆、花槽及水池等的定位尺寸及其他必要的尺寸。剖面图除了包括被垂直剖切面剖到的部分外，还应包括虽然未剖到，但能看到的部分，如门、窗、家具、设备与陈设等的形状、大小与位置。必要时，室内占空间较大的设备管线、灯具等的剖切面也应在图纸上绘出。

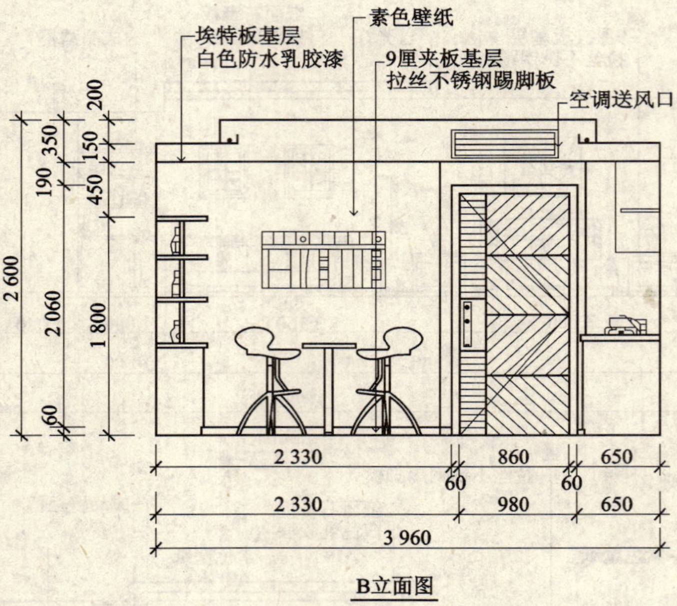


图 7－17　某住宅 B 立面图

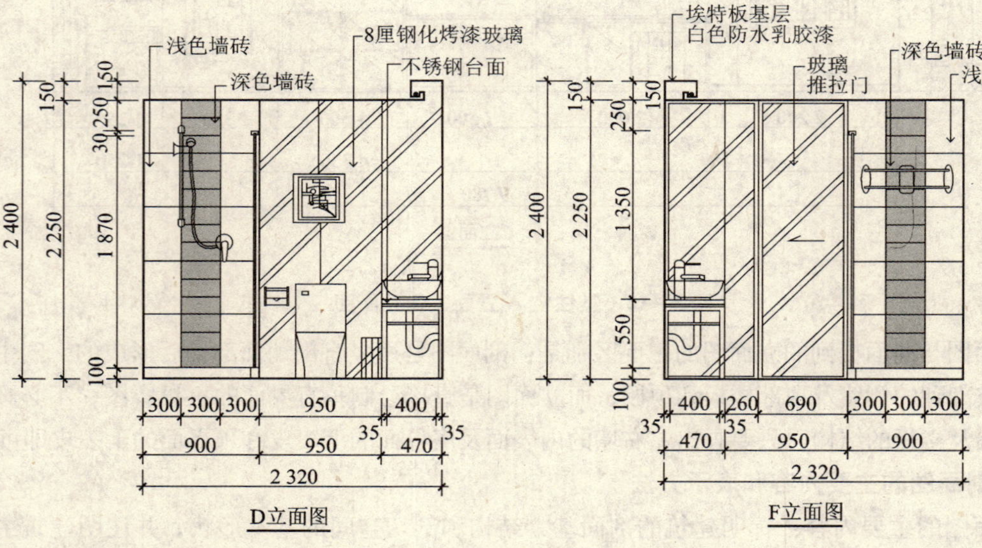


图 7－18　某住宅卫生间 D 立面、F 立面图

剖面图中必须绘制设备和设施，是否绘制可移动的家具与陈设要依照界面装修的繁简程度而定，原则是不影响充分表示墙面、柱面的装修。当墙面、柱面装修比较复杂，前面的家具又较多时，为避免画面上的家具与陈设挡住墙面和柱面，可以不画家具和陈设。剖面图中，装饰结构和装饰面上的设备安装方式或复杂构造节点，需要用节点图进

一步说明装饰构配件的尺寸、工艺做法与施工要求的，可以在剖面图中注明节点构造及其详图索引符号。

绘制剖面图需要注意以下几点：

（1）用细实线和图例绘出所剖的原建筑实体切面（墙体、梁、楼板）的内轮廓等的标高、空间净高及其他必要的尺寸、材料名称。装饰剖面图的材料表示方法与建筑剖面图的表示方法是一致的。

（2）投影方向的装修界面轮廓线，用粗实线绘出。

（3）剖切面的选择要点：

① 剖面图的剖切位置应根据图纸的用途或设计深度，在平面图上选择空间比较复杂、能反映全貌和构造特征以及有代表性的部位剖切，即以充分表达设计意图为原则。

② 剖切面最好贯通平面图的全宽或全长，以保证剖面图的两侧均有被剖的墙体，范围明确，不容易误解。剖切面不要穿过柱子和墙体，如果剖切面穿过柱子和墙体，将无法反映柱子表面与墙面上的装饰与陈设。剖切面转折时，按制图标准的规定，应在转折处画转折线，并最多转折一次。当遇到垂直界面中的某一部分不与剖切面平行时，可将不与剖切面平行的部分旋转到与剖切面平行的位置，再按正投影原理绘制剖面图，并在图名后面加注“展开”二字。

**3. 剖面图的比例、尺寸**

剖面图一般采用1:10～1:50的比例。剖面图中需要标明图名、比例和被剖切墙体的定位轴线及其编号，以便与平面布置图和顶棚平面图对照阅读。例如图7－19某住宅顶棚G剖面图，剖切位置可参看图7－15某住宅顶棚平面图。

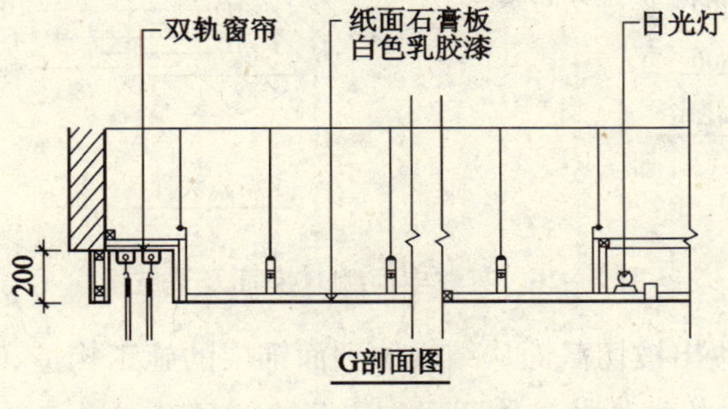


**图7－19 某住宅顶棚G剖面图**

## 7.2.5 节点详图

**1. 节点详图的作用**

节点详图是平、立、剖面图中尚未标明清楚的一些局部构造、材料做法及主要造型处理，用较大比例画出的且用于施工的图样。

节点详图是整套设计图纸中不可或缺的重要部分，是装饰工程中最基本和最具体的施工图，是施工准确完成的依据之一。

**2. 节点详图的主要内容**

节点详图可以是平面图、正立面图、背立面图、侧立面图，也可以是剖面图、断面图，在必要时还可以画出轴测图示意。

建筑装饰节点详图由断面图、节点图和大样图3部分组成。

（1）断面图表达出由顶至地连贯的被剖切截面，表达出由结构体至表面饰面的施工构造方法及连接关系。从断面图中可以引出需进一步放大表达的节点详图，注明索引编号，如图7－20所示，左侧为H断面图，右侧两张J，K大样图为H断面图中需要详细说明的放大节点详图。

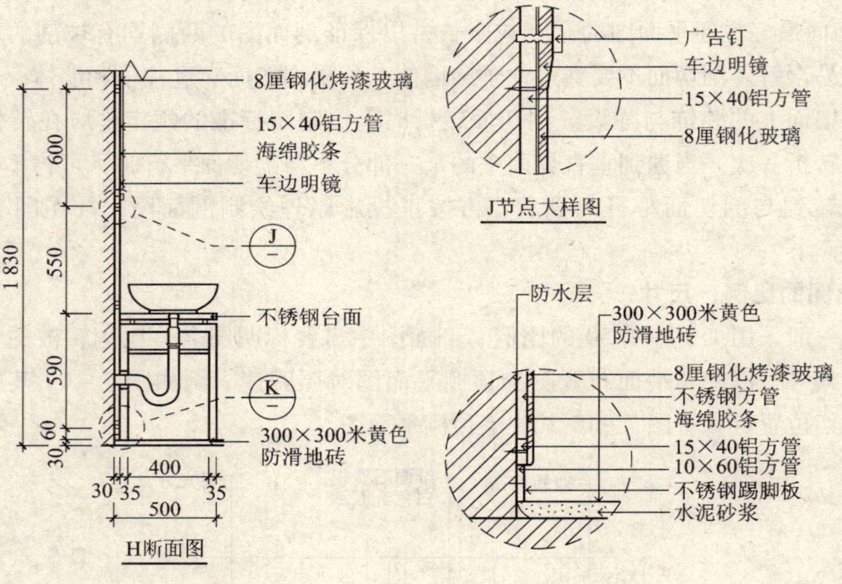


**图7－20　某住宅顶棚H断面及节点图**

（2）节点图详细表达出被切截面从结构体到面饰层的施工构造、连接方法及相互关系。节点图用来表明紧固件、连接件的具体图形与实际比例尺度，详细表达出面饰层造型与各断面构造内的材料图例、编号、说明及工艺要求。

（3）大样图是局部详细的大比例放样图。

**3. 需要绘制节点详图的部位和注意点**

需要绘制建筑装饰施工节点详图的有：

（1）较为复杂的墙面、柱面的构造。通常要画立面图、纵横剖面图和装饰大样图。

（2）建筑构配件如特殊的门、窗、隔断、景窗、栏杆、窗帘盒和顶棚细部等的详图。

（3）设备设施如洗手间、洗面台、商业空间的服务台、酒吧台和壁柜的详图等。

(4) 室内水景等，如水池、喷泉、壁泉、叠水、花池、花槽等的详图。

(5) 特殊设计的家具，如床、桌、柜、椅等，以及展台、展架和货架等的详图。

节点详图表达上需要注意以下几点：

(1) 图形应真实正确、构造清晰，恰当运用装饰材料图例。

(2) 绘制的图样要有细致的尺寸标注，包括材料的规格尺寸、带有控制性的标高、有关的定位轴线、索引符号的编号和图示比例等。

(3) 图样无法表达的材质做法、材质色彩、施工要求、详图名称等都应标注准确文字。

(4) 节点详图的比例常采用1:1，1:2，1:5或1:10，其中比例为1:1的详图又称为足尺图。

### 7.2.6 楼梯图

楼梯是多层和高层建筑中必不可少的组成部分。在建筑装饰设计中，往往需要表示出楼梯的位置、形式和尺寸，并需要设计楼梯的细部。在艺术要求较高的建筑装饰设计或改建项目中，往往需要建筑装饰设计师重新设计楼梯的细部，如栏杆、扶手和踏步等。因此，建筑装饰设计师须懂得楼梯的基本绘制方法。

楼梯图由平面图、剖面图和详图组成。在室内设计工程图中，涉及最多的是楼梯平面图。楼梯平面图应反映梯段的长度和宽度、各级踏步的宽度、平台的宽度以及栏杆、扶手的位置和形式。

下面以两跑楼梯为例介绍楼梯平面图画法。楼梯平面图实际上是一种水平剖面图，它是用假想的、位于窗台之上的水平剖切面剖切各个楼层，移去剖切面之上的部分，对下部进行正投影而成。

**1. 底层楼梯平面图**

底层楼梯平面图只画楼梯段的下半部，即剖切面下面的部分。折断线应稍近于中间休息平台，与楼梯墙形成60度左右的交角。要用箭头标注楼梯的走向，走向线要画在梯段的中间，箭头要画出尖端，在箭杆的起点处应写“上”字，“上”字要正写。

**2. 中间各层楼梯平面图**

中间各层系指底层与顶层之间的各个楼层。这些楼层的楼梯平面图画法相同，如果各层楼梯的做法（如踏步数量与尺寸）相同，则其平面图也是完全相同的。因此它也称为标准层楼梯平面图。

中间各层的楼梯平面图，不仅应包括本层上行梯段的部分踏步，而且也应该包括能够看到的下层梯段的部分踏步。这两部分踏步，以折断线分隔。在比例尺较小的图中，折断线为一条线；在比例尺稍大的图中，也可画两条相互平行的折断线。以本层楼面为基点，在出发点分别用两个箭头作为上行和下行走向线，并在箭杆的端点，标注“上”字和“下”字。

**3. 顶层楼梯平面图**

用沿着顶楼窗台的水平剖切面剖切顶层时，顶楼层没有楼梯段被剖到，但剖切后，能看到下面层的楼梯的全部踏步和延伸至顶层的栏杆与扶手。因此，顶层平面图楼梯段上没有折断线，只有一个表示下行的走向线。顶层楼梯栏杆延伸到顶层休息平台，扶手也延伸到顶层休息平台，这些需要在顶层楼梯平面图中绘制清楚。

### 7.2.7 其 他

建筑装饰设计为保障居住者日常生活的舒适方便，必须提供采暖及通风、电力与照明、给水和卫生排污等。这些一般称为室内设备系统，也是现代室内装修工程的基本组成部分。作为建筑装饰设计，不仅仅要满足于功能，还须与室内整体环境系统设计相匹配。

常用的建筑装饰设备系统的图纸有给排水工程图、照明与电器电路图、空调工程图等。这些图纸的专业性很强，需要各专业工程师设计和绘制。作为建筑装饰设计师，则应该考虑到室内设备系统的存在，并应了解建筑装饰设备图纸的基本知识，以避免在设计中产生不必要的冲突。

## 小 结

1. 绘制建筑装饰施工图的一般要求，即对图纸幅面、线型、字体、比例、尺寸标注的要求。

2. 建筑装饰施工图是表达建筑内部空间的装饰做法及整体效果的专业图纸，是建筑装饰专业图示表达的必要组成部分。

3. 建筑装饰施工图的特点：建筑装饰施工图以建筑设计为前提；建筑装饰施工图设计的精确性；局部绘制的细致性。

4. 建筑装饰施工图内容包括平面布置图、顶棚平面图、装饰立面图、装饰剖面图和节点详图等，掌握建筑装饰施工图各图的绘制方法和内容。

## 思考题

抄绘下列图 7 – 21 ~ 图 7 – 31 住宅建筑装饰施工图纸。

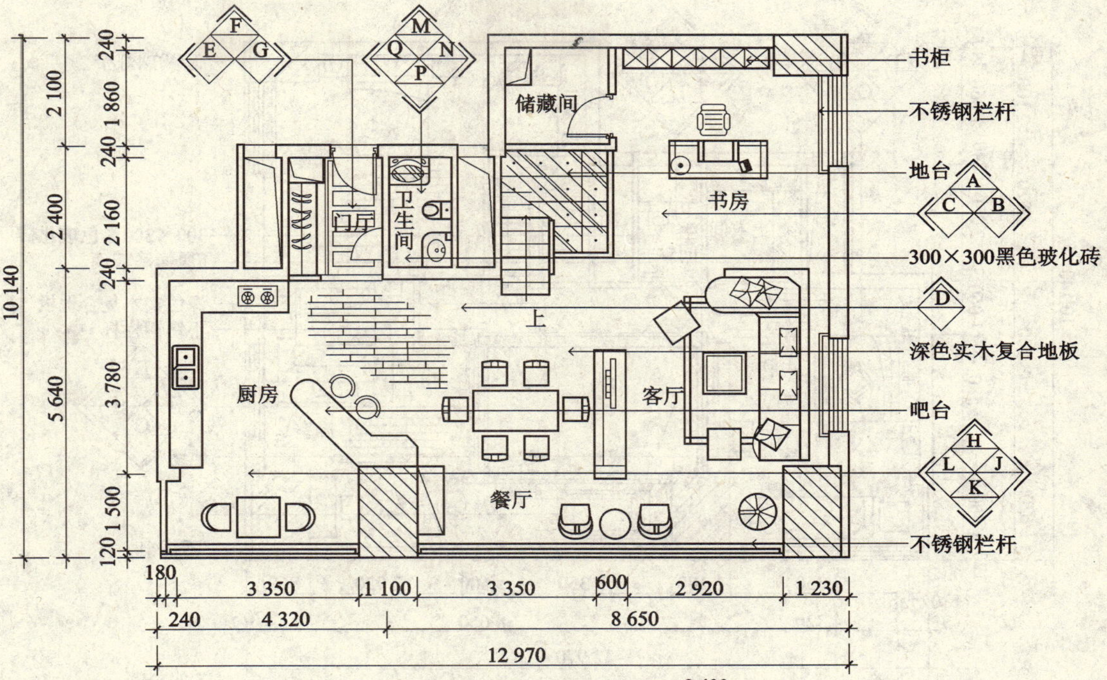


一层平面布置图

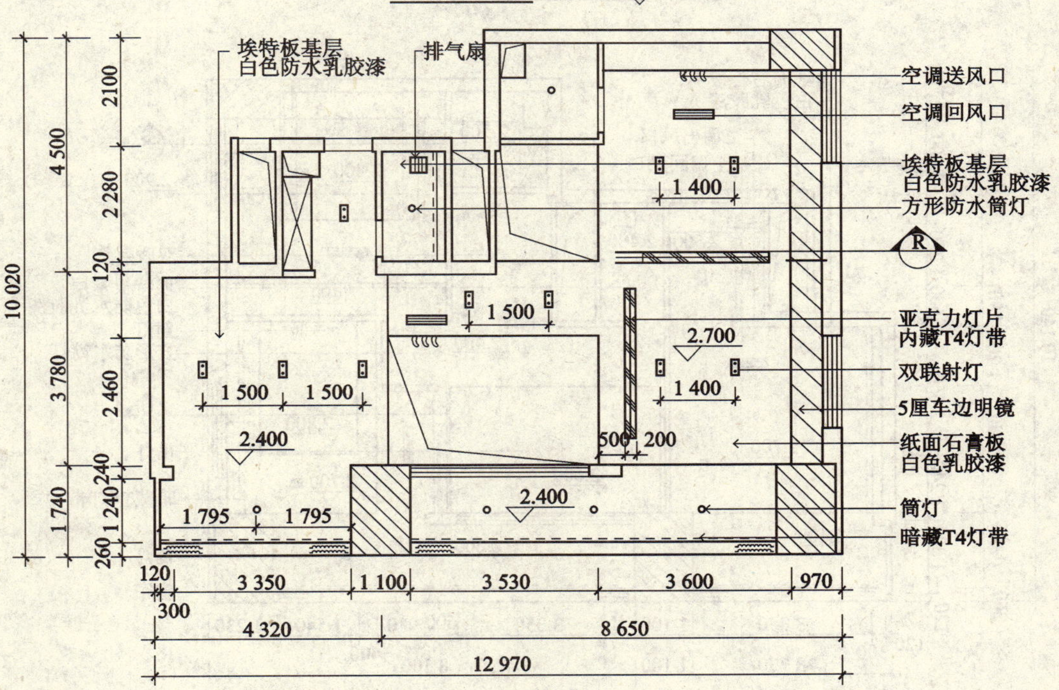


一层顶棚布置图

图 7－21

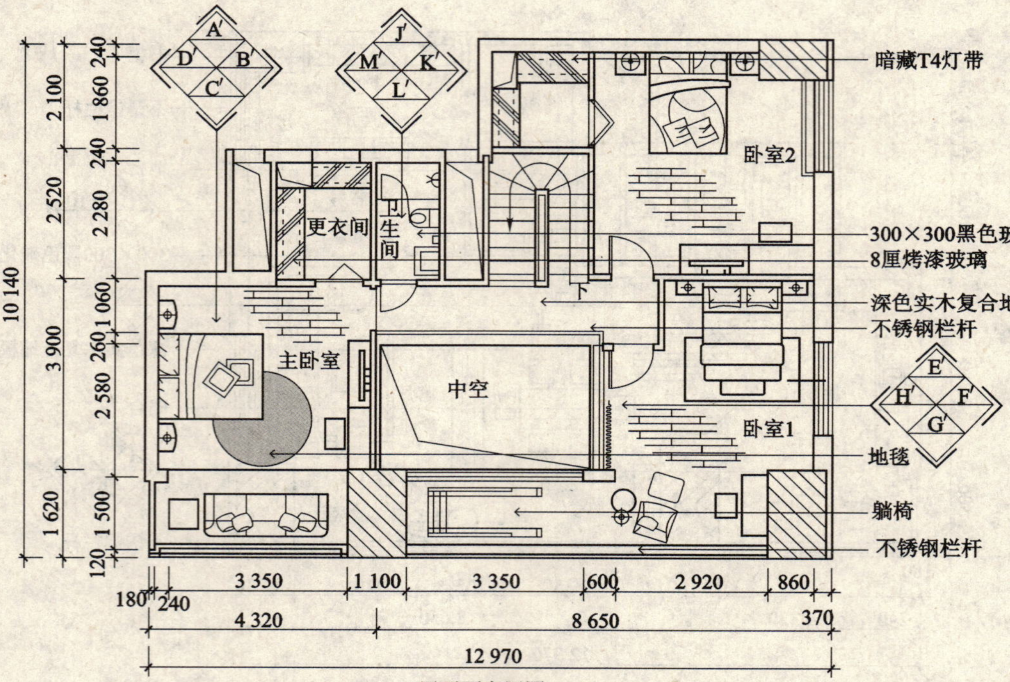


二层平面布置图

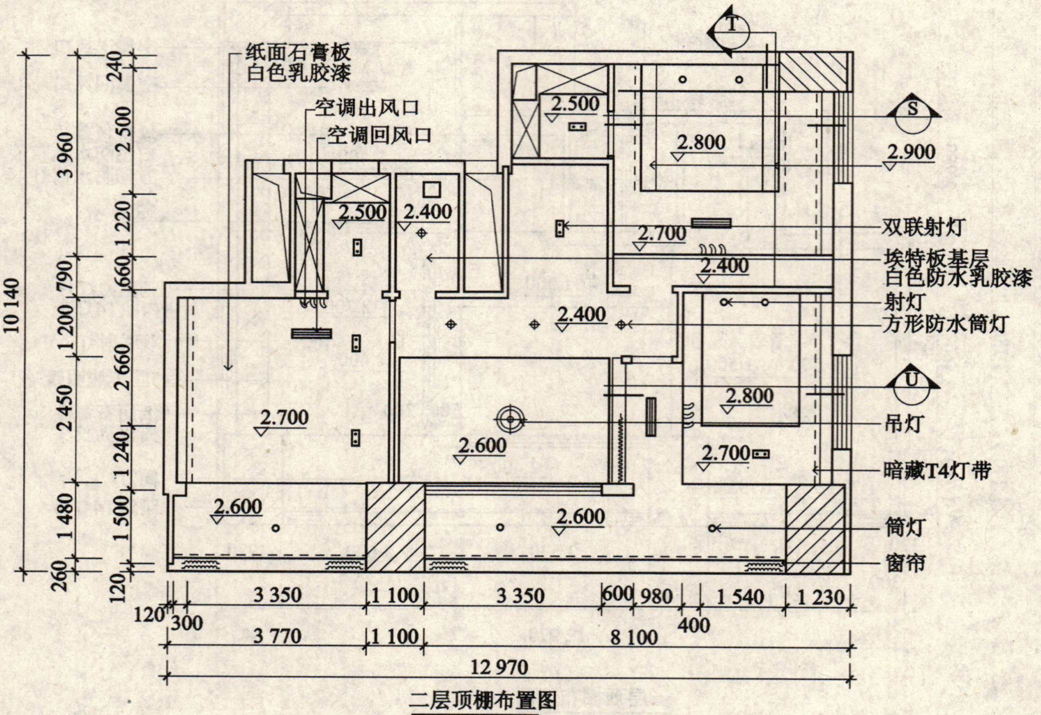


二层顶棚布置图

图 7－22

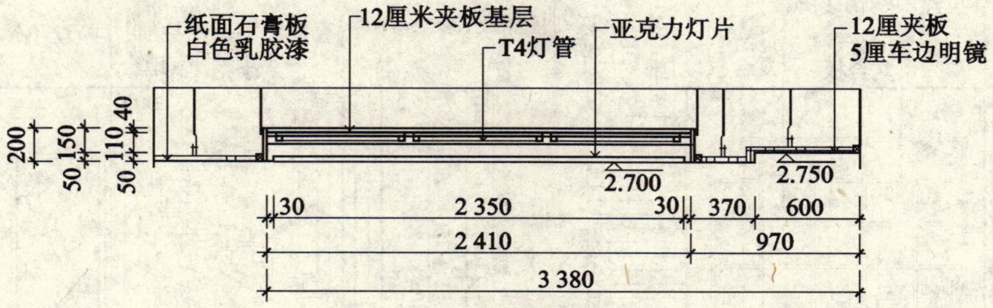


R剖面图

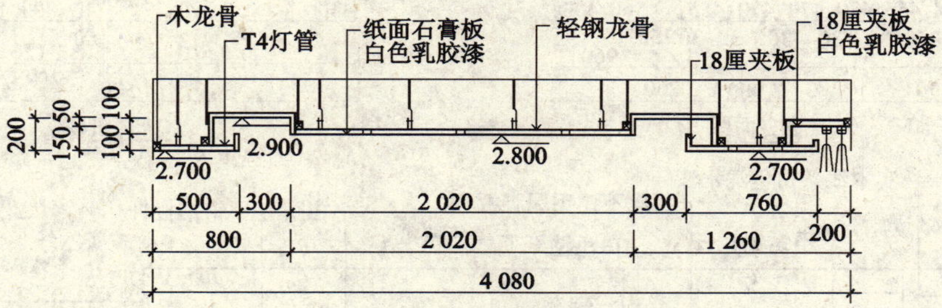


S剖面图

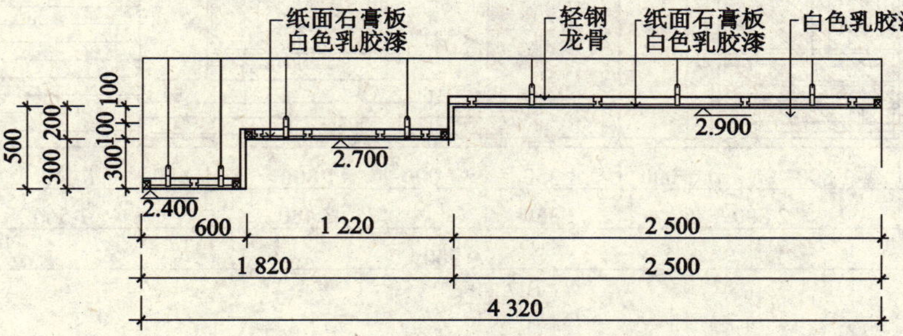


T剖面图

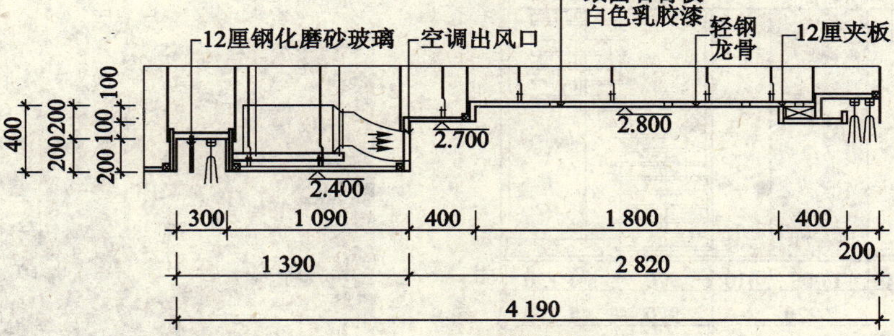


U剖面图

图7－23

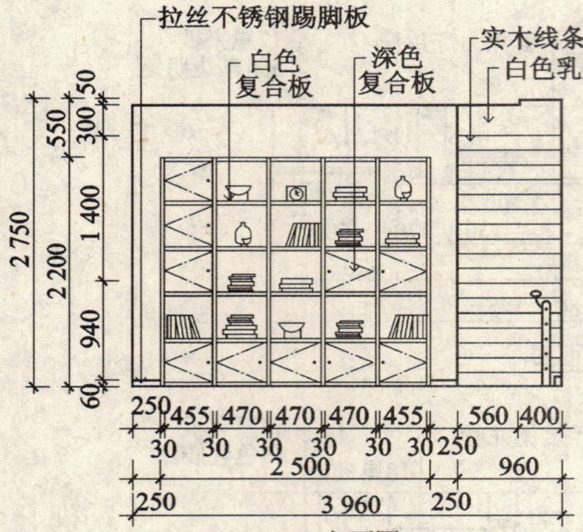

A立面图

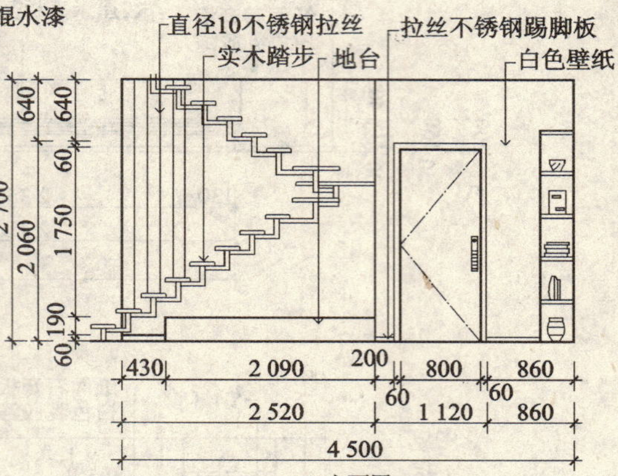

C立面图

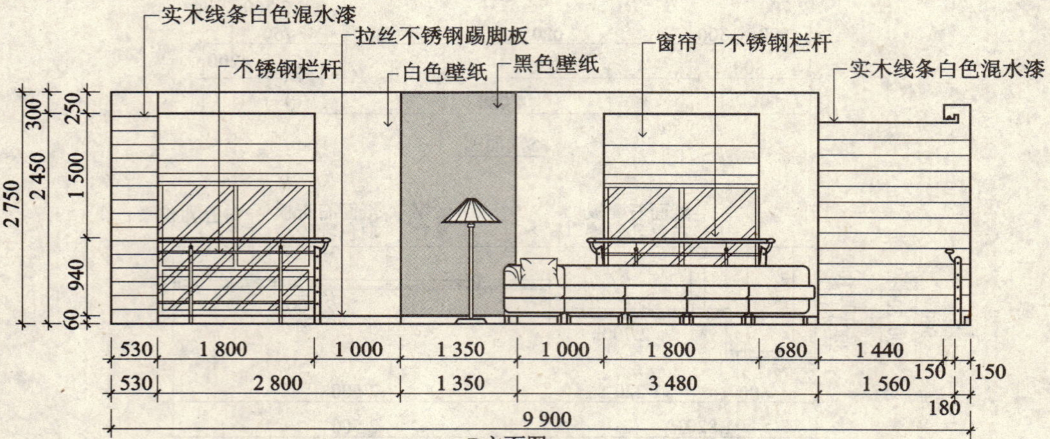

B立面图

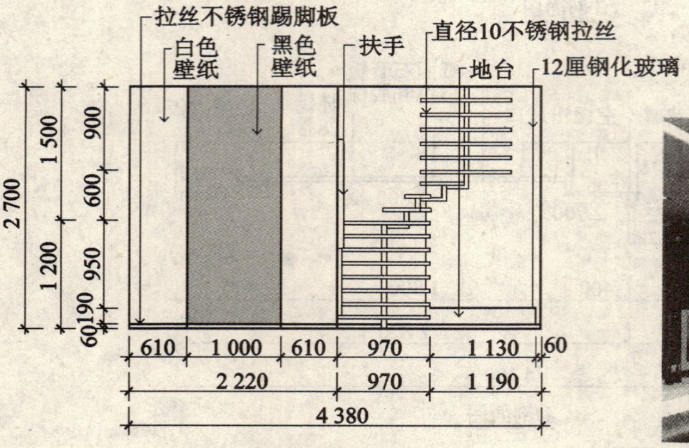

D立面图

图 7 – 24

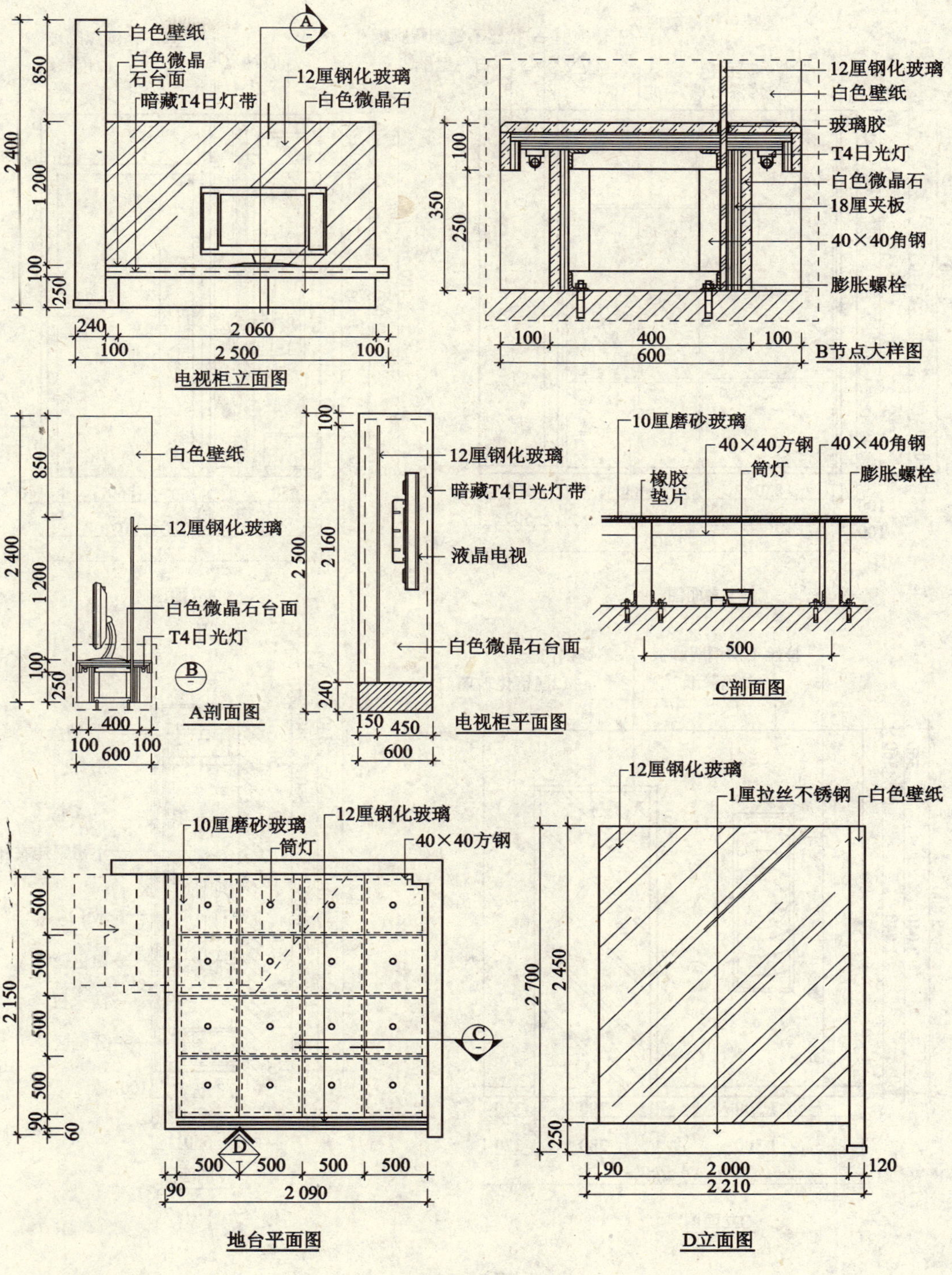

白色壁纸
白色微晶石台面
暗藏T4日灯带
12厘钢化玻璃
白色微晶石
电视柜立面图
12厘钢化玻璃
白色壁纸
玻璃胶
T4日光灯
白色微晶石
18厘夹板
40×40角钢
膨胀螺栓
B节点大样图
白色壁纸
12厘钢化玻璃
白色微晶石台面
T4日光灯
A剖面图
12厘钢化玻璃
暗藏T4日光灯带
液晶电视
白色微晶石台面
电视柜平面图
10厘磨砂玻璃
40×40方钢
40×40角钢
橡胶垫片
筒灯
膨胀螺栓
C剖面图
10厘磨砂玻璃
12厘钢化玻璃
筒灯
40×40方钢
地台平面图
12厘钢化玻璃
1厘拉丝不锈钢
白色壁纸
D立面图


图 7－25

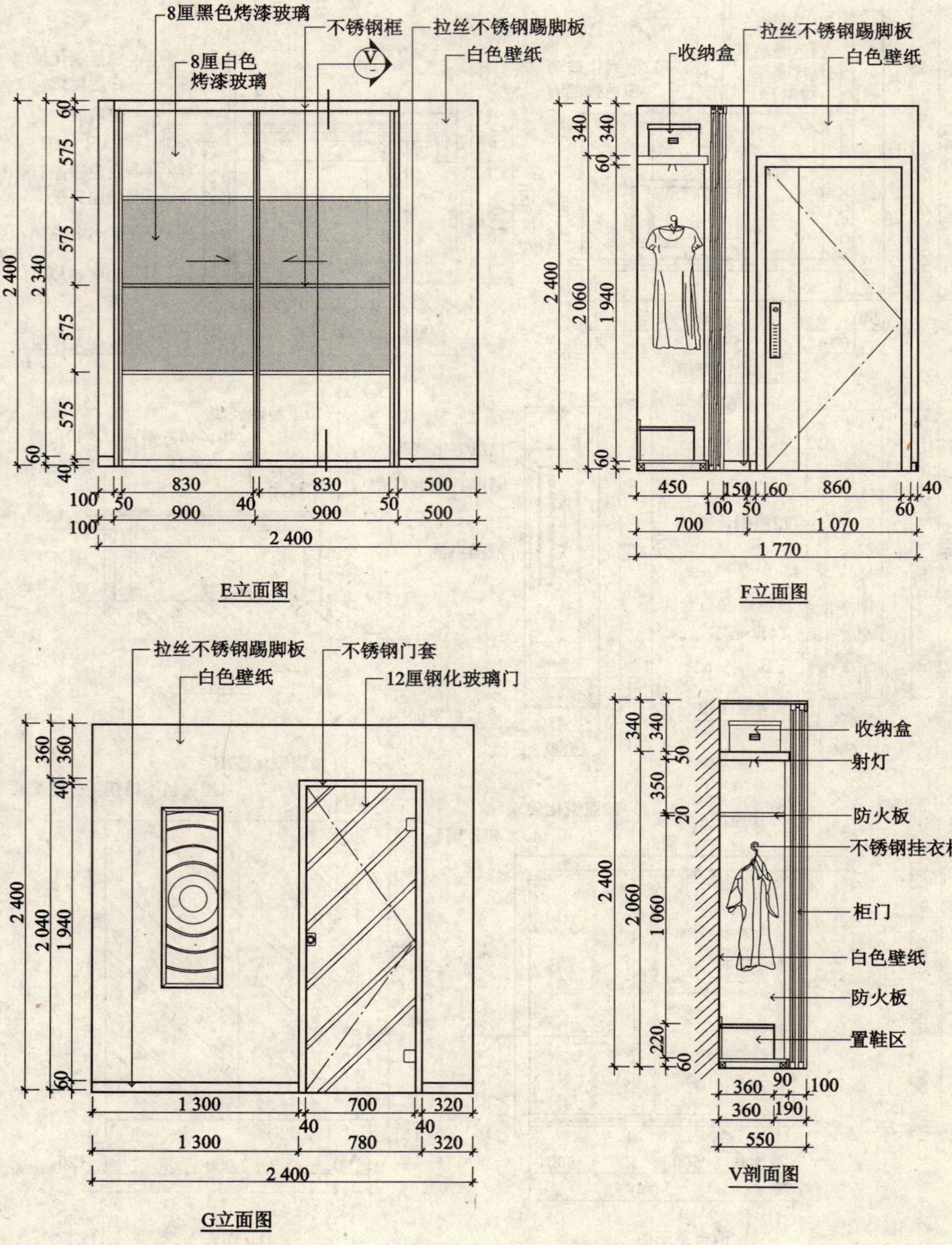
8厘黑色烤漆玻璃
8厘白色烤漆玻璃
不锈钢框
拉丝不锈钢踢脚板
白色壁纸
E立面图
收纳盒
拉丝不锈钢踢脚板
白色壁纸
F立面图
拉丝不锈钢踢脚板
白色壁纸
不锈钢门套
12厘钢化玻璃门
G立面图
收纳盒
射灯
防火板
不锈钢挂衣杆
柜门
白色壁纸
防火板
置鞋区
V剖面图

图 7－26

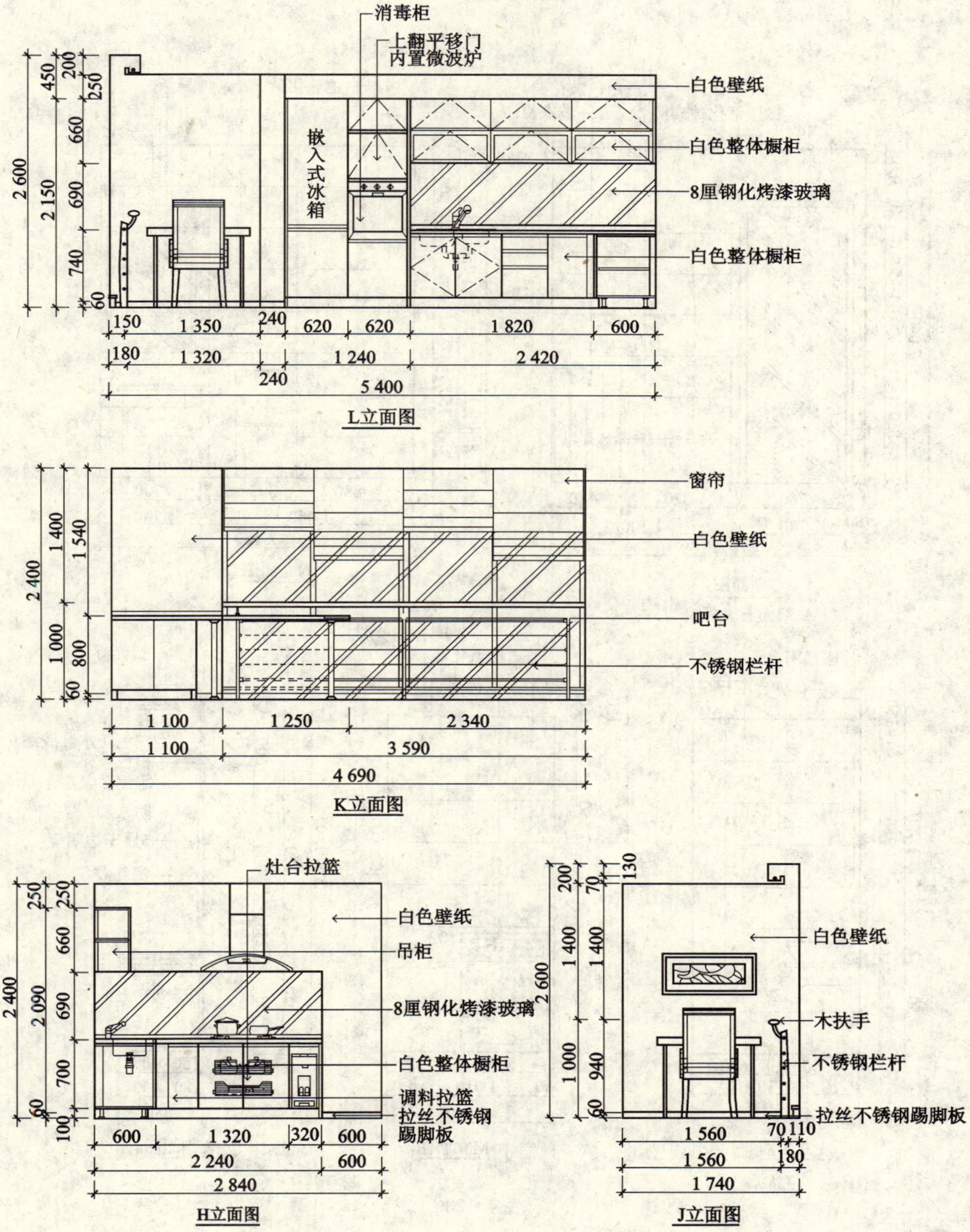
消毒柜
上翻平移门
内置微波炉
白色壁纸
白色整体橱柜
8厘钢化烤漆玻璃
白色整体橱柜
嵌入式冰箱
L立面图
窗帘
白色壁纸
吧台
不锈钢栏杆
K立面图
灶台拉篮
白色壁纸
吊柜
8厘钢化烤漆玻璃
白色整体橱柜
调料拉篮
拉丝不锈钢
踢脚板
H立面图
白色壁纸
木扶手
不锈钢栏杆
拉丝不锈钢踢脚板
J立面图

图 7－27

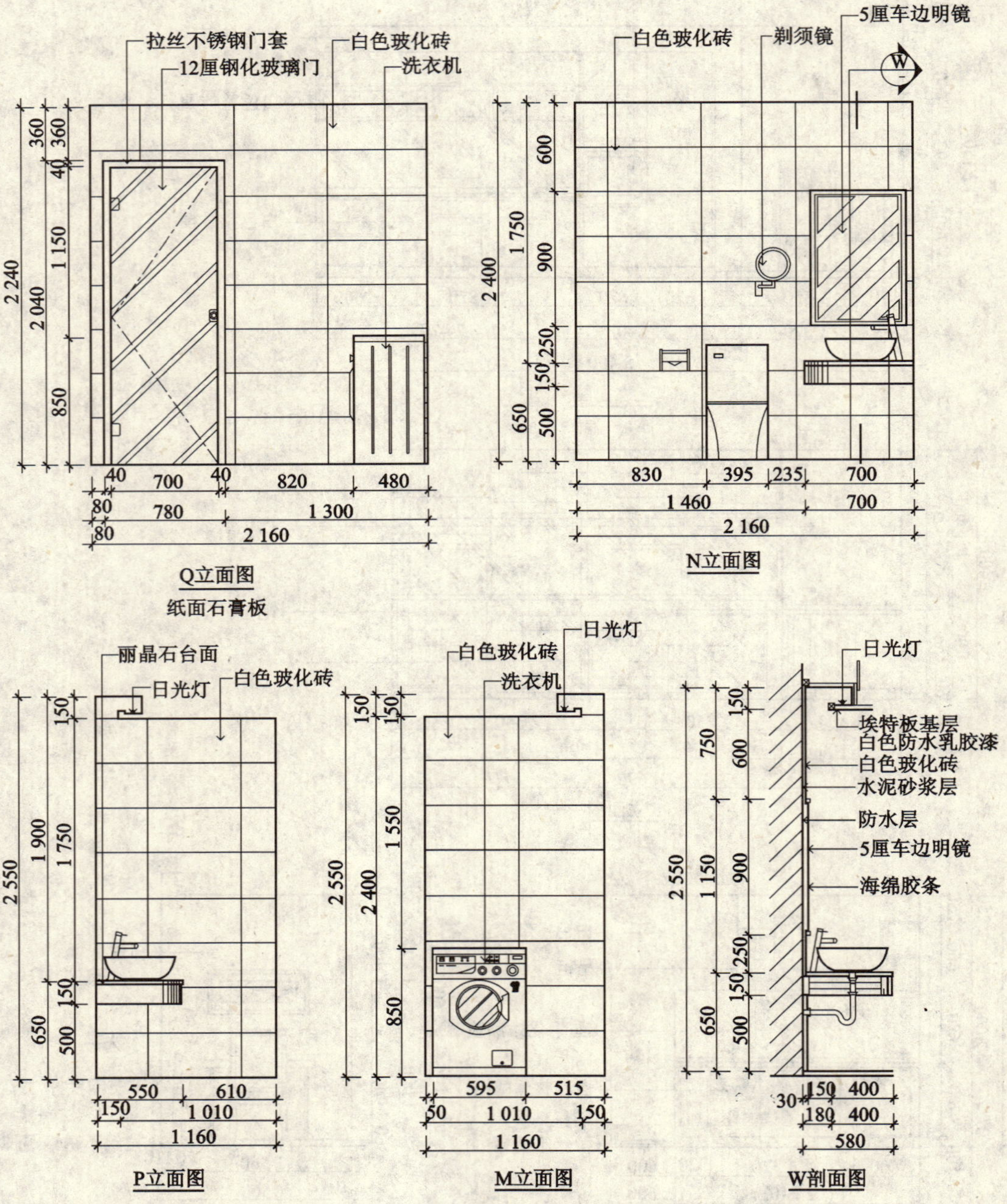
拉丝不锈钢门套
12厘钢化玻璃门
白色玻化砖
洗衣机
2 240
360
360
40
1 150
2 040
850
40
700
40
820
480
80
780
1 300
80
2 160
Q立面图
纸面石膏板
白色玻化砖
剃须镜
5厘车边明镜
W
2 400
1 750
600
900
250
150
650
500
830
395
235
700
1 460
700
2 160
N立面图
丽晶石台面
日光灯
白色玻化砖
2 550
1 900
1 750
150
150
650
500
550
610
150
1 010
1 160
P立面图
白色玻化砖
日光灯
洗衣机
2 550
150
150
1 550
2 400
850
595
515
50
1 010
150
1 160
M立面图
日光灯
埃特板基层
白色防水乳胶漆
白色玻化砖
水泥砂浆层
防水层
5厘车边明镜
海绵胶条
2 550
750
150
600
1 150
900
250
150
650
500
30
150
400
180
400
580
W剖面图

图 7 – 28

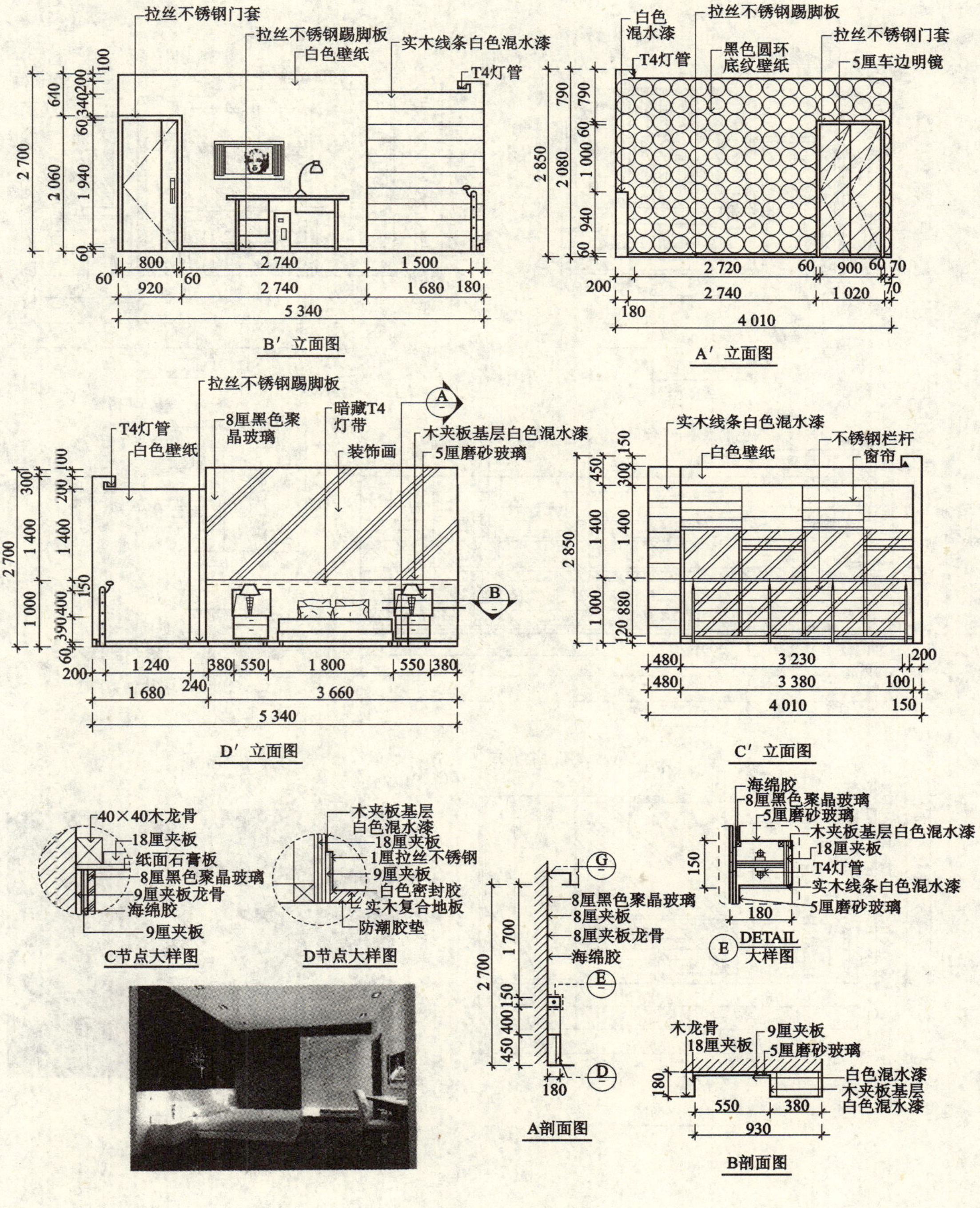
拉丝不锈钢门套
拉丝不锈钢踢脚板
实木线条白色混水漆
白色壁纸
T4灯管
2 700
2 060
1 940
640
340
200
100
60
60
800
2 740
1 500
60
920
60
2 740
1 680
180
5 340
B′立面图
白色
混水漆
拉丝不锈钢踢脚板
拉丝不锈钢门套
T4灯管
黑色圆环
底纹壁纸
5厘车边明镜
2 850
790
2 080
790
1 000
60
940
60
2 720
60
900
60
70
200
2 740
1 020
70
180
4 010
A′立面图
拉丝不锈钢踢脚板
A
8厘黑色聚
晶玻璃
暗藏T4
灯带
T4灯管
木夹板基层白色混水漆
白色壁纸
装饰画
5厘磨砂玻璃
B
2 700
300
1 400
1 000
60
100
200
1 400
150
400
390
1 240
380
550
1 800
550
380
200
1 680
240
3 660
5 340
D′立面图
实木线条白色混水漆
不锈钢栏杆
白色壁纸
窗帘
2 850
450
1 400
1 000
150
300
1 400
880
120
480
3 230
200
480
3 380
100
4 010
150
C′立面图
40×40木龙骨
18厘夹板
纸面石膏板
8厘黑色聚晶玻璃
9厘夹板龙骨
海绵胶
9厘夹板
C节点大样图
木夹板基层
白色混水漆
18厘夹板
1厘拉丝不锈钢
9厘夹板
白色密封胶
实木复合地板
防潮胶垫
D节点大样图
G
8厘黑色聚晶玻璃
8厘夹板
8厘夹板龙骨
海绵胶
E
D
2 700
1 700
150
400
450
180
A剖面图
海绵胶
8厘黑色聚晶玻璃
5厘磨砂玻璃
木夹板基层白色混水漆
18厘夹板
T4灯管
实木线条白色混水漆
5厘磨砂玻璃
150
180
E
DETAIL
大样图
木龙骨
18厘夹板
9厘夹板
5厘磨砂玻璃
白色混水漆
木夹板基层
白色混水漆
180
550
380
930
B剖面图

图 7－29

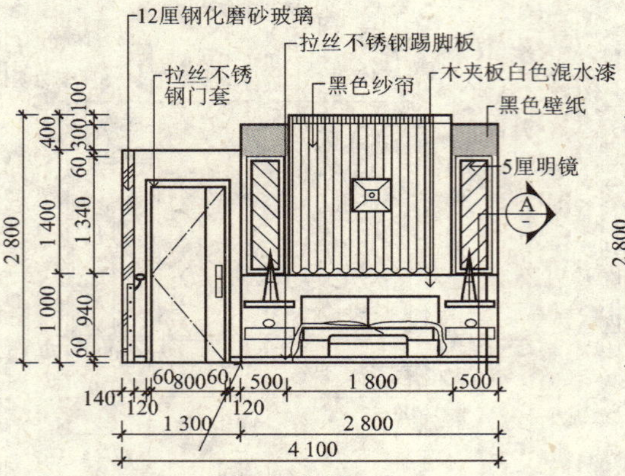

E′ 立面图

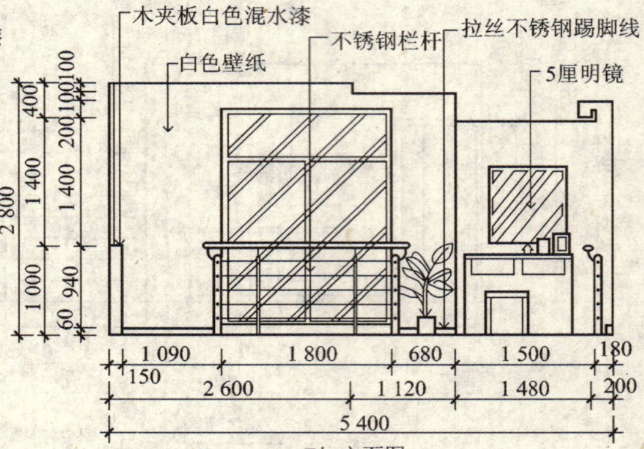

F′ 立面图

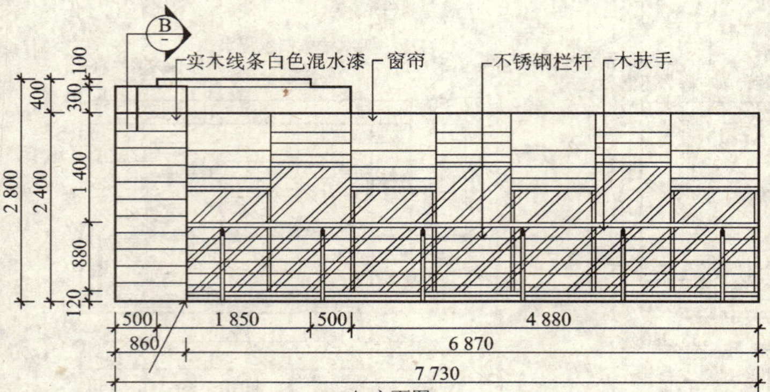

G′ 立面图

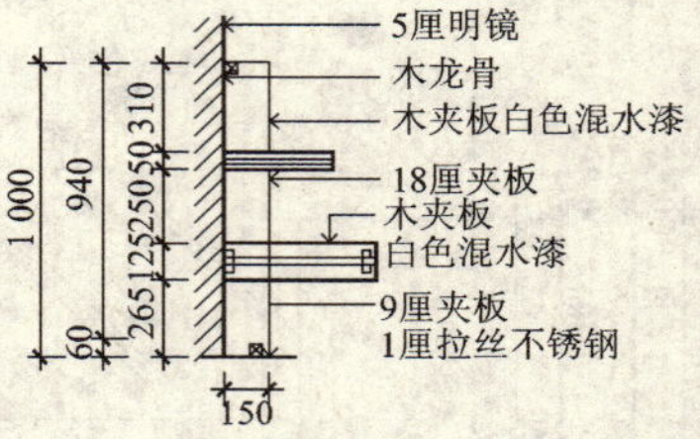

A剖面图

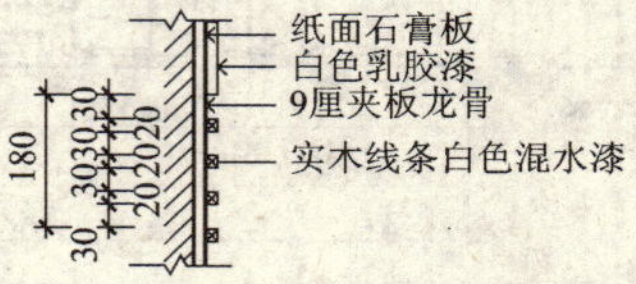

B剖面图

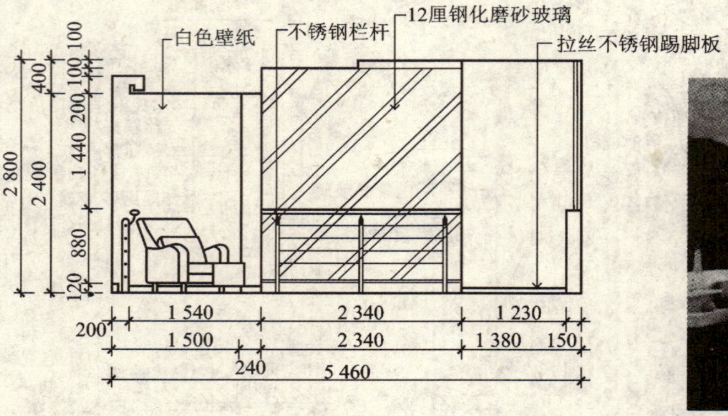

H′ 立面图

**图 7－30**

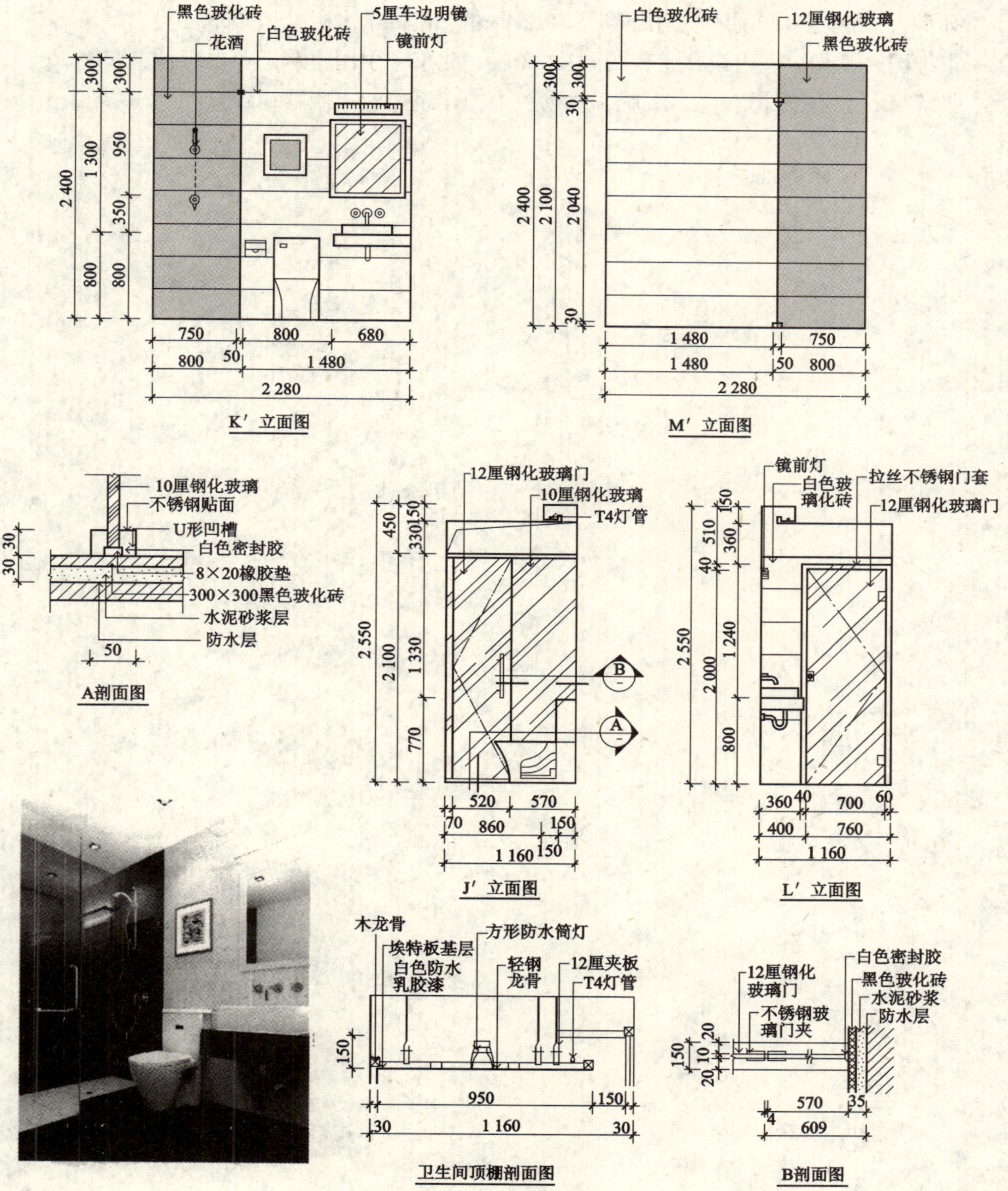
黑色玻化砖
花洒
白色玻化砖
5厘车边明镜
镜前灯
K′立面图
白色玻化砖
12厘钢化玻璃
黑色玻化砖
M′立面图
10厘钢化玻璃
不锈钢贴面
U形凹槽
白色密封胶
8×20橡胶垫
300×300黑色玻化砖
水泥砂浆层
防水层
A剖面图
12厘钢化玻璃门
10厘钢化玻璃
T4灯管
J′立面图
镜前灯
白色玻璃化砖
拉丝不锈钢门套
12厘钢化玻璃门
L′立面图
木龙骨
埃特板基层
白色防水乳胶漆
方形防水筒灯
轻钢龙骨
12厘夹板
T4灯管
卫生间顶棚剖面图
12厘钢化玻璃门
不锈钢玻璃门夹
白色密封胶
黑色玻化砖
水泥砂浆
防水层
B剖面图

图7－31

**进一步阅读推荐书目**

孙世青．建筑装饰制图与阴影透视．1 版．北京：科学出版社，2003.
霍维国，霍光．室内设计工程图画法．2 版．北京：中国建筑工业出版社，2006.
张绮曼．室内设计资料集．1 版．北京：中国建筑工业出版社，1991.

# 8 建筑装饰设计钢笔画技法

**学习目标**

1. 了解建筑装饰设计钢笔画的概念和特点。
2. 掌握建筑装饰设计钢笔画的绘制方法。

**学习重点**

1. 建筑装饰设计钢笔画的作用和特点。
2. 练习钢笔画。

## 8.1 建筑装饰设计钢笔画的概念和特点

在《不列颠百科全书》中，钢笔画的概念是："钢笔画（pen drawing），全部或部分用钢笔、墨水绘成的美术作品。一般运用线条绘在纸上。纯钢笔画需要画出一系列紧密并列的影线或交叉平行线，以增强立体感。有的钢笔习作，仅用钢笔勾画人物或风景的轮廓。"如图 8－1 所示。

钢笔画，从广义上讲就是采用钢笔和墨水进行的一种绘画形式，换言之，凡是用钢笔描绘的"作品"均可称为钢笔画。

这里的钢笔画就是指钢笔徒手画、线条画。徒手画是建筑学、室内设计等专业的学生必须掌握的表现技巧。

钢笔、针管笔等都是画线的理想工具，其绘图效果类似中国传统的白描画。它们通常也作为各种淡彩表现图（彩色铅笔、马克笔、水彩等）的轮廓描绘，用于快速表现设计方案。

图 8－1 钢笔淡彩——餐厅

钢笔画常利用线的排列与组织来塑造形体的明暗，以追求虚实变化的空间效果，也可针对不同质地采用相应的线型组织，以区别刚、柔、粗、细。钢笔画还可以按照空间界面转折和形象结构关系来组织各个方向与疏密的变化，以达到画面表现上的层次感、空间感、质感、量感，以及形式上的节奏感、韵律感。

钢笔画用途广泛，收集资料、设计草图、记录参观等都离不开运用徒手画，钢笔画还可以作为初步设计的表现图。

钢笔画工具简便，方便携带，便于保存。

初学者经常练习徒手画，还十分有助于提高对建筑物及周围环境的观察、分析和表达的能力。如图 8－2 所示。

图 8－2 钢笔画写生

# 8.2 钢笔画工具介绍

## 8.2.1 笔

钢笔画常用笔包括：钢笔、水笔、针管笔、美工笔和签字笔等。还有普通钢笔或特制的灌注或蘸取墨水的金属笔。笔尖有粗、细、扁、圆等多种，不同的笔尖可以产生不同的艺术效果。

因为是钢笔表现，自然需要先准备一支好笔。“好笔”的意思不是指越“贵”越好，而是指适合自己用、用着顺手、画线流利的笔。当然，很多时候质量与价格是成正比的。除了传统意义上的钢笔，美工笔、签字笔和针管笔都可使用，根据风格决定。市面上的好钢笔价格也不高，一般水笔也比较好用，笔尖有粗细之分，可多尝试几种，找到适合自己的笔。美工笔，可以画出很多笔触，适合写意的狂放风格。用美工笔作画，手腕用力要有技巧，笔和纸面的角度不同，绘出来的线条也是不同的。针管笔适合干净细腻的效果，线条比较单一，用以配合尺子圆规等工具作图比其他笔更适合。不管哪种笔，用着顺手，运笔流畅，都会使人感觉有“事半功倍”之效。也有绘图者使用毡头笔或者一次性水笔，只要用着流利顺手即可。

钢笔画线条练习及钢笔材质练习如图 8－3～8－8 所示。

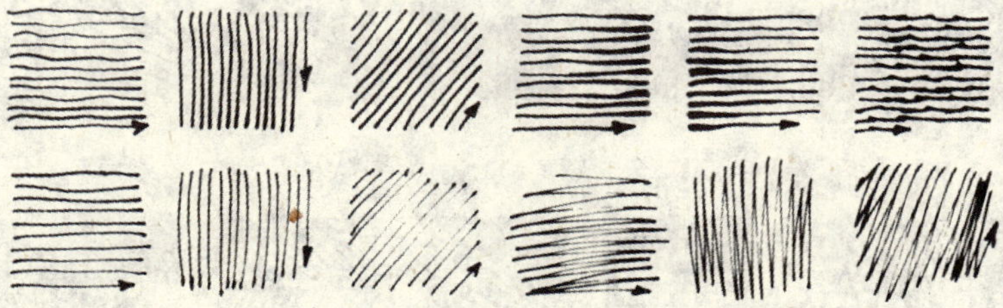

**图 8－3　钢笔画线条练习 1**

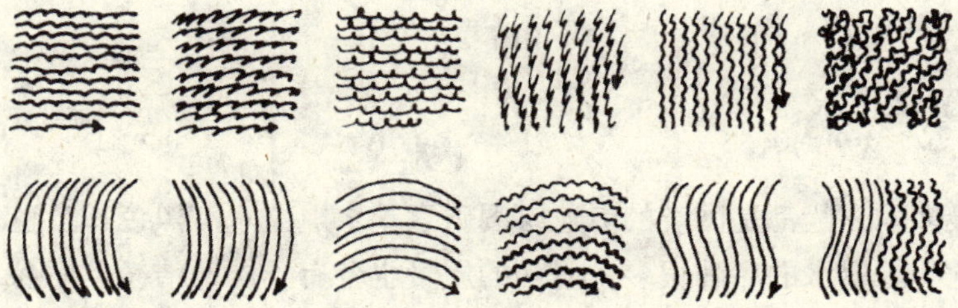

**图 8－4　钢笔画线条练习 2**

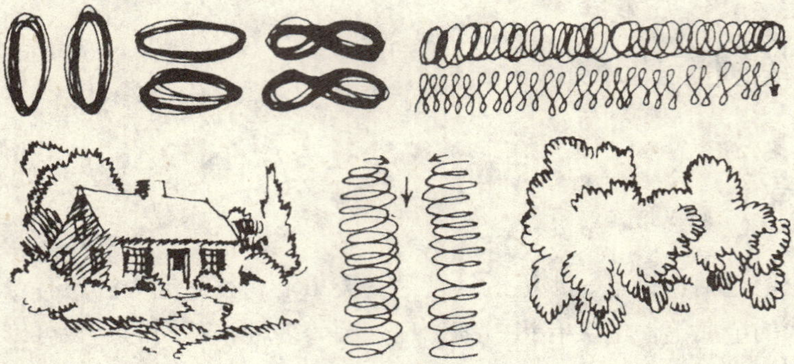

图 8－5 钢笔画线条练习 3

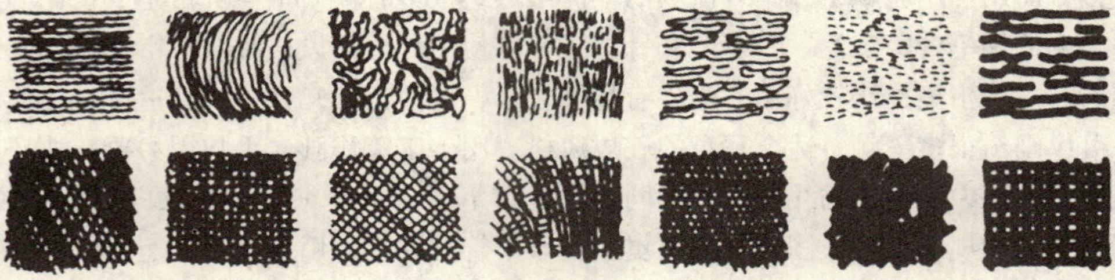

图 8－6 钢笔画线条练习 4

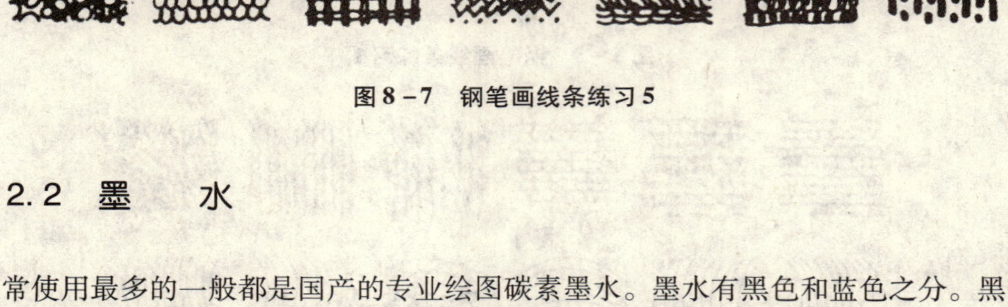

图 8－7 钢笔画线条练习 5

### 8.2.2 墨 水

通常使用最多的一般都是国产的专业绘图碳素墨水。墨水有黑色和蓝色之分。黑色线条会让人更有感觉些。墨水的品牌很多，墨水的质量也各有不同，洁净、不易结块就行。因长期挥发，有些墨水容易黏稠、结块。作画时遇到这种情况，可稍稍往里注一点水进行稀释。有绘图者使用荧光笔或金色银色的漆笔，在黑色或深色版纸上绘画，效果还是很酷的，多了的话则成本太高，没有必要，如图 8－9 所示。

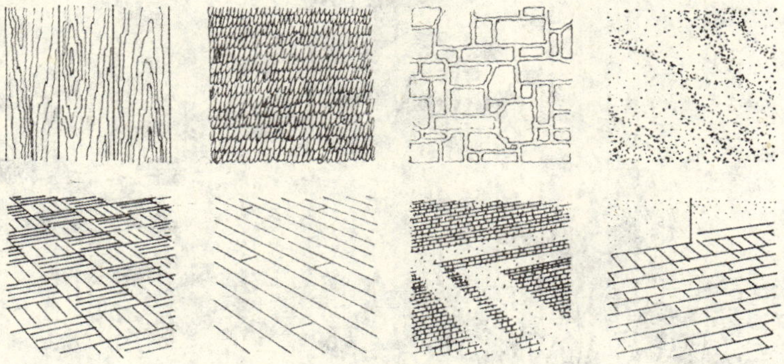

图 8－8 钢笔画材质练习

图 8－9 银笔画

## 8.2.3 纸

练习钢笔画是个时间活，要多花时间多画，多画自然纸要用得多。如果纸好用，则练起来也顺手，效果自然好。铅化纸、铜版纸、绘图纸不好用，纸面容易起毛，线条不易流畅，还堵塞笔尖。速写本也不太好用，纸面较毛糙。练习的时候用一些便宜的纸即可，例如小朋友们用的练习本、草稿纸。复印纸和打印纸都非常好用，纸面光洁又整齐，不会刮毛也不堵笔。硫酸纸光滑，初学临摹时可以用做“描”画。纸面光亮、手感光滑的卡纸适合画正稿。

也可使用银色漆笔在黑色版纸或各种深色光面卡纸上画线条画，其效果很好，但成本也高，如图 8－10 所示。

图 8－10 信纸上的树草练习

## 8.3 钢笔画技法练习

人是室内透视图中的比例尺度，家具与陈设是室内透视图中的主要要素。

### 8.3.1 配景人物画法

**1. 人物形体比例与结构**

人体比例是以“头长”为单位计算的。人体通常为七个半头长，比例如下：

（1）颏底到乳头连线＝乳头连线到脐孔＝1 头长

（2）大转子到膝关节＝膝关节到脚跟＝2 头长

（3）两肩距离＝2 头长

（4）手臂＝上臂（4/3 头长）＋前臂（1 头长）＋手（2/3 头长）＝3 头长

如图 8－11 所示。

**2. 全身的几何形体结构**

以人体的骨骼、肌肉为基础，用几何体块的方式，将人体以圆球体、长方体和三角形体概括、组合，形成人的基本形体结构（见图 8－12）。运用透视手段，将人体特征塑造准确，形体结构所概括的各结构点是塑造人物空间结构的依据。在进行速写训练时，看到某一对象的动作，首先要判断出他的形体体块特征及透视关系，这样才能迅速准确地将对象描绘出来。

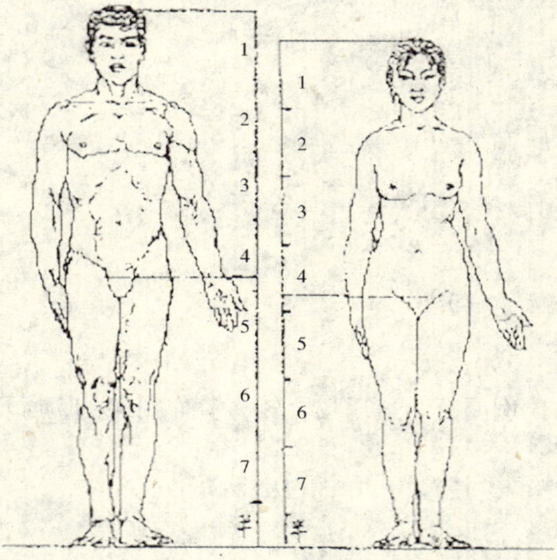

图 8－11 人物比例

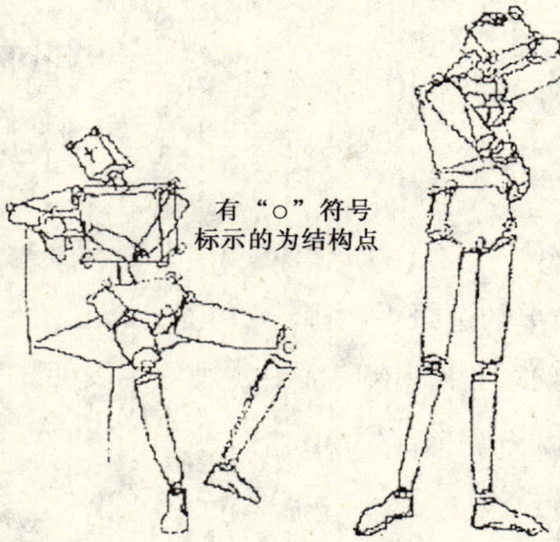


图 8－12 全身几何结构

**3. 用直线概括形体**

在确定了对象的长宽比之后，就要画出对象的基本形。概括基本形的一般画法是以较长的直线画出大的转折关系，使描绘对象呈现出几何形组合形状，它能反映对象基本的形态构造关系。在进行基本形概括时，要注意直线与直线的相互长度比例关系，以及各直线的倾斜角度与对象的吻合程度。如图 8－13 所示。

图 8－13 人物的直线概括形体

关于建筑画中配景人物所采用的比例，也可以参考时装画中的人物比例，多是 9 个头长的比例。采用 9 个头长左右比例的人物，或多或少都带有一定的装饰性，但在建筑画配景人物的绘制上，采用 9 头或略多一些的人物比例，也是比较合适的，不会太过夸张。

建筑画中的人物通常为远景或中景，故多忽略表情，可作动态变化。

人的基本比例关系掌握后，再来练习各种人物画法，会更有感触。这是一个循序渐进的过程。

**4. 不同特征的人物表现**

不同的人在不同的建筑场景中，是非常提色的，人的画法，不必深究，太具体的人短时间内难以掌握。如图 8－14 人物练习。

图8－14 人物练习

简单的远景人物画法如下：

（1）青年：衣着前卫，用笔要硬朗，上衣比例要短。适用场合较多。如图8－15所示。

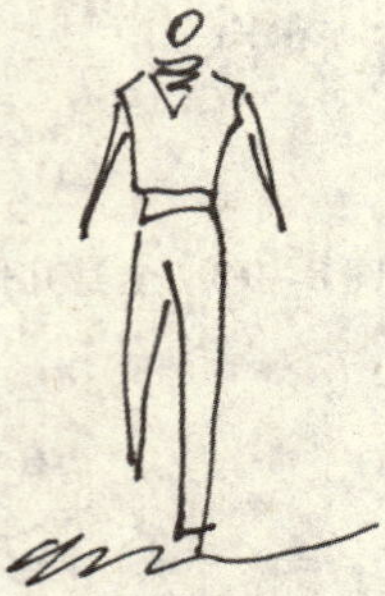

图8－15 青年

图8－16 成功人士

（2）成功人士：西装与皮箱，体态较丰。用于办公楼、学校、街景等场合，季节不限。如图8－16所示。

（3）老年人：拐棍，驼背，大棉裤，再跟个小孙子。用于小区内景点较宜。注意其服饰与季节相应。如图8－17所示。

图8－17 老年人

图8－18 少女

（4）少女：体态修长，腰高腿长，时髦裙装。如图8－18所示。

（5）中年妇女：穿着保守传统，挎个大包，两腿稍粗，间距较大。如图 8－19 所示。

（6）老年妇人：身宽体胖，两腿间距再大些，拎个菜篮。如图 8－20 所示。

图 8－19 中年妇女

图 8－20 老年妇女

远景人物不需画得很详细，了了几笔，勾其轮廓，把握其比例姿态即可。可以只画人物背面，这样就不用画人的脸了。如图 8－21 所示。

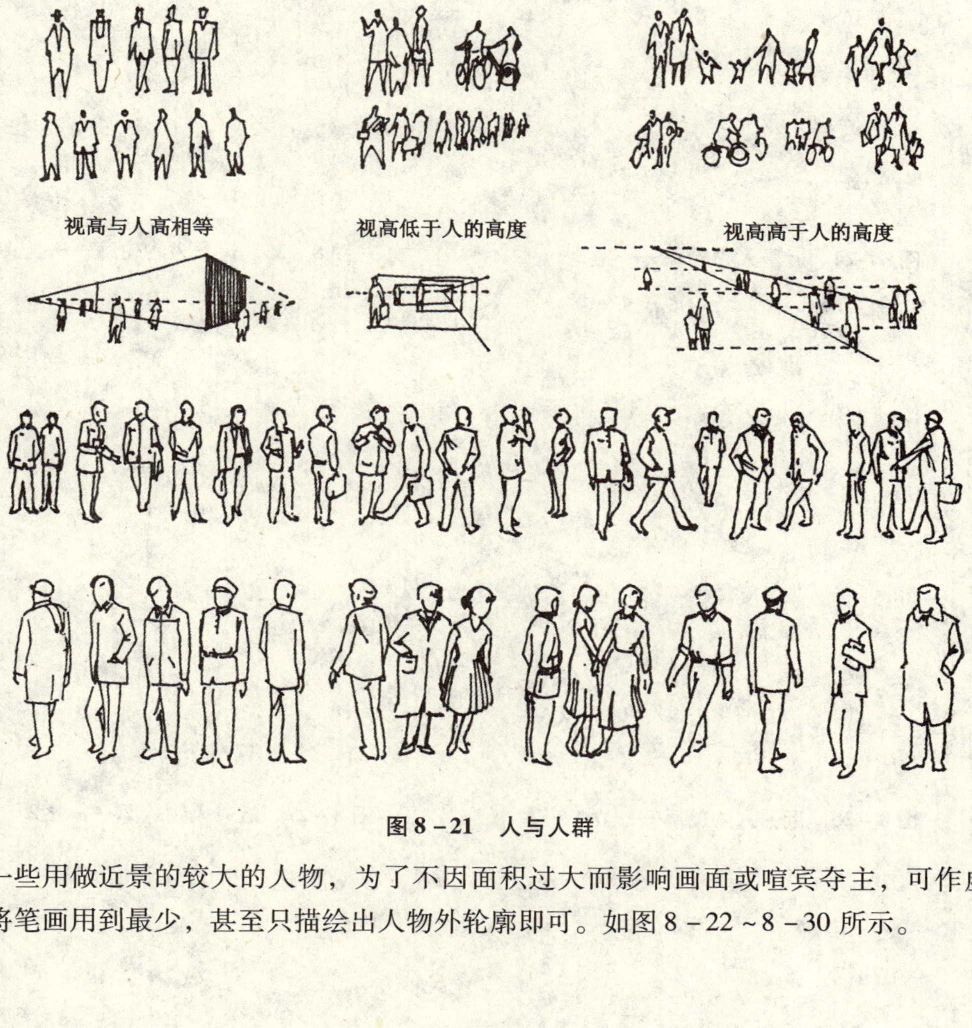


图 8－21 人与人群

一些用做近景的较大的人物，为了不因面积过大而影响画面或喧宾夺主，可作虚化处理，将笔画用到最少，甚至只描绘出人物外轮廓即可。如图 8－22～8－30 所示。

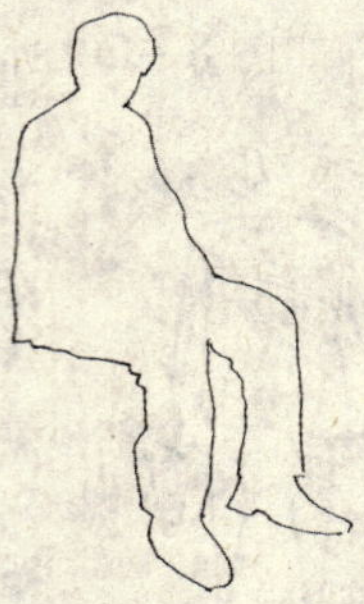

图 8－22　近景人物轮廓——坐 1

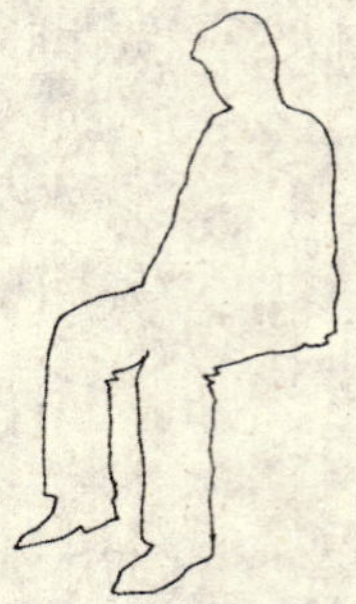

图 8－23　近景人物轮廓——坐 2

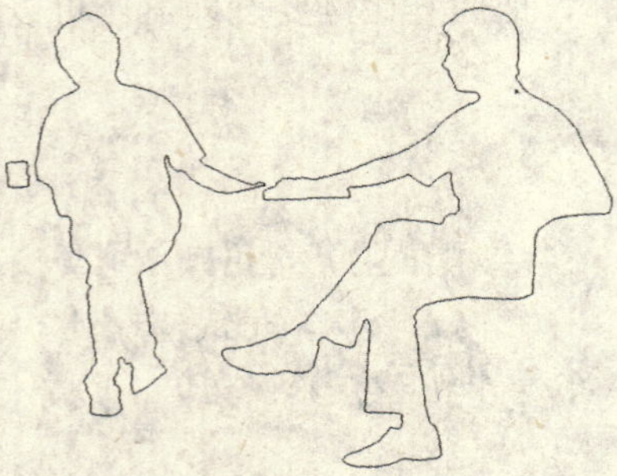

图 8－24　近景人物轮廓——坐 3

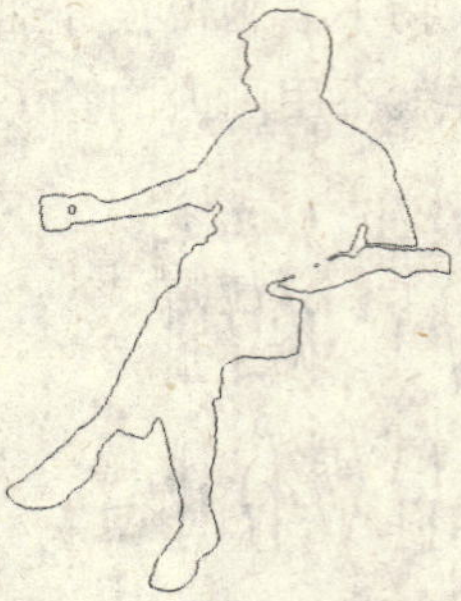

图 8－25　近景人物轮廓——坐 4

图 8－26　近景人物轮廓——立 1

图 8－27　近景人物轮廓——立 2

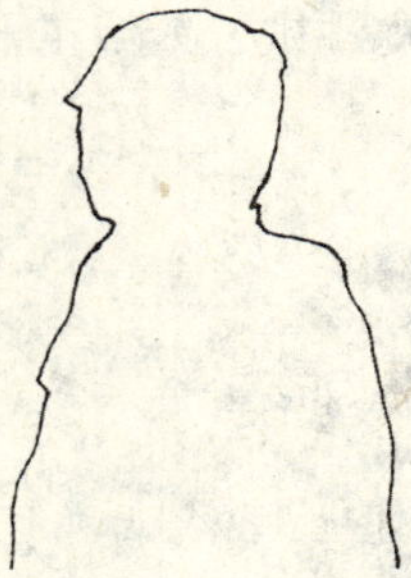
图8－28 近景人物轮廓——半1

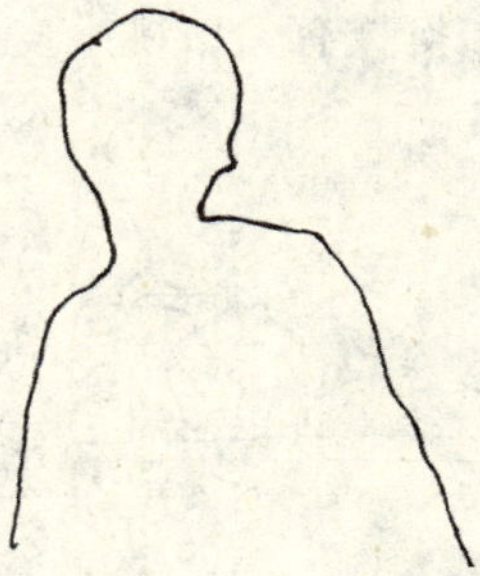
图8－29 近景人物轮廓——半2

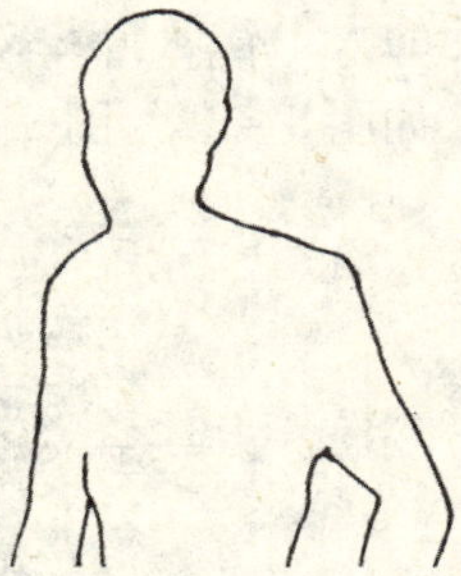
图8－30 近景人物轮廓——半3

## 8.3.2 配景植物表现

**1. 植 物**

掌握各类植物生长特点及茎叶的长势形态。植物花卉等画法可参考中国画的白描画法。

(1) 花朵

瓶花经常是室内设计画面的主要点缀。一般花朵包括花瓣、花蕊、花托、花萼、梗等几部分，花瓣有单瓣与重瓣（复瓣）之分，花蕊有长短多寡的区别，有的花蕊较明显，有的花蕊较隐秘，花萼亦因花的种类而异，都需仔细地观察。

(2) 叶

单叶植物从枝或茎长叶时，叶序有对生、互生、轮生、丛生等；复叶植物有的呈羽状、掌状、鸟足状，有的形式更为复杂，必先了解其生长的规律，才不致在繁杂中发生错误。叶有叶柄与叶脉，形状有尖、圆、长、短等不同的大小比例。

(3) 茎枝

植物可分为木本、草本、藤本、蔓本等。木本植物枝干挺硬，有的相当粗壮；草本植物的茎大都较嫩，有的变成右旋或左旋的蔓延，有的还长有须状的攀缘茎。

在透视效果图中，需要把植物花卉盆景表现得清新、生气勃勃，所以就必须对其作细致的描写。有时需要在画面上将多朵花聚在一起，这时就要有正面的、反面的、侧面的、斜面的花朵，有完整的花朵，也有被枝叶遮住一部分的花朵，既有小花蕾，也要有将绽的大花蕾。叶子也是如此，除了成叶外，也要有嫩叶及嫩芽，并注意阴阳向背、大小穿插。枝干也要有主干、支干之分，以及在画面上的姿态和疏密。这些是在平时针对目的收集素材时，首先要注意到的问题。如图 8－31 所示。

虽然植物花卉只是配景的表现，通常需注意视角的稳定，但可选取最美角度，并注意花、枝、叶的大小比例。画花朵可从花蕊花瓣入手，通常先画最完整、最前面的一瓣，再向外扩展，对太复杂的花瓣可进行概括，并注意其造型美。画叶也是如此，除了注意叶序、结构之外，也要注意仰、垂、向背与疏密、前后叶的变化。最后画枝干，大干还要画出皮纹，如梅花的大干苍老、皮纹斜皴，小干挺拔有力，桃干皮横皴，松干皮鳞皴，紫薇花干皮较光滑等。如图 8－32～图 8－35 所示。

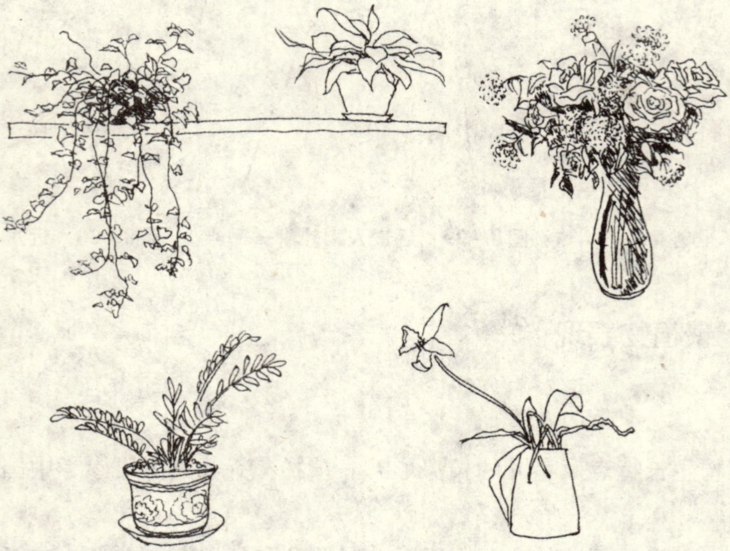

**图 8－31 盆花**

**图 8－32 桦树干**

**图 8－33 瓶花**

图 8－34 小叶植物

图 8－35 瓶花静物

**2. 瓶花的描画**

描画瓶花从折枝花卉开始练习，折取花叶易于入画的一枝，插于花瓶中详细观察，花蕊被遮盖的也可拨开，研究其细部结构。对于简单的折枝熟悉后，可以选取多株不同角度不同方向的花来尝试，由于枝叶复杂，须选择适当的角度，并作大幅度的删减或调整。画植物瓶花时也需主观地取舍与美化，并强调意趣的表现。如图 8－33 和图 8－35 所示。

由于花卉植物叶茎干等的不同质地，因此，用笔、用墨的处理方法也不一样。

（1）花

花瓣一般都娇嫩柔软，用笔要圆润流畅，薄瓣线条宜细，厚瓣线条略粗。花萼、花托、花柄粗硬，用笔应挺劲有力，线条较花瓣的线条略粗，墨色略深。

（2）叶

叶片色深，宜用浓墨或重墨勾画，行笔挺劲生动。花叶的两条外轮廓线以及主筋是构成叶片的三条主线，主筋是叶片的主干线，靠近叶柄一端较粗，向叶尖部位逐渐减细，应勾得挺硬有力。叶尖部是三条主线的汇合处，要注意三条线不能相交于一点上，两条边线相交应一长一短，一实一虚（即前边长、后边短，前面实、后边虚），使叶片左顾右盼、上下呼应，以表现风姿。叶柄从枝上生出，与枝相接处应根据前后左右的不同生长角度，勾得自然有力、衔接得当，不可随意连上去。如图 8－36、图 8－37、图 8－38 所示。

（3）枝干

枝干质地坚硬，它是一枝花的支架，决定花叶的生长气势。枝干种类较多，有粗糙的、平滑的和坚硬的。皮的纹理有横的、扭转的和鳞块的几种。勾勒时应根据不同纹理和质感用笔用墨。

枝干常被花叶遮掩，露出的部分被分为几段，勾画时可起落连贯用笔。枝干的轮廓线勾好后，再用线条或块面皴擦皮纹、疤节。

图 8－36 盆栽大叶植物

图 8－37 盆栽植物

图 8－38 盆栽植物

（4）点苔

枝干上点以苔点，更显苍老有神。苔点应有大小、疏密、聚散的变化，其形状有圆形、椭圆形及圆中带尖几种，可根据需要选用。如图 8－32、图 8－39、图 8－40 所示。

图 8－39 玉兰

图 8－40 芭蕉

## 8.3.3 配景小汽车

小车用做配景的也很多。开始的时候可以临摹一些线条画的车，熟练些后可以对着一些报刊的时髦漂亮车型画。画任何东西，对它的结构都要有所认识，至少对其外形特征能了解清楚，这样下笔才能“胸有成竹”。如图 8－41 所示。

图 8-41 近景汽车 1

当了解清楚小车的外形结构以后，即可知道，汽车也可以简化归纳为几何方块体，再修整边角，使其圆滑。用做近景的车要画得大些、仔细些，中远景的车几笔带过。如图 8-42、图 8-43、图 8-44 所示。

图 8-42 近景汽车 2

图 8-43 近景汽车 3

图 8-44 远景汽车

### 8.3.4 家具画法

家具的描绘着重在于其透视、形状、比例、尺度、结构等问题。练习时要循序渐进，先从相对比较容易的单件家具入手，单件家具采用两点透视（成角透视）画法。如图 8－45、图 8－46、图 8－47 所示。

图 8－45 古典家具

图 8－46 单件家具练习副本

掌握单件家具画法后，再练习家具布置场景的效果画法。家具布置效果首先练习一点透视（平行透视）画法，再练习两点透视（成角透视）画法。家具布置场景效果从家具、陈设相对比较简单的住宅室内或统一规整的标准客房开始，再到比较复杂的大场景。

图 8 – 47　单件家具线条图

## 8.3.5　室内场景画法

室内场景可从室内的某个角落画起，由小到大，由部分到整体，透视要准确，室内空间的尺度与各家具陈设等的比例要正确。

画室内（或室外）场景，内容不再是单一的物体表现，而是多物体、多物种的组合。场景描绘对形式构图安排、画面结构组织、中心主题突出提出了新的要求，增加了新的内容。

场景描绘包括家具、陈设、人物、绿化等诸多物体。场景的表现需要更强的整体控制能力和局部刻画能力，需要更高的组织安排能力和对美感形式的把握。

**1. 中　心**

场景描绘必须首先明确“画面中心”，又称“趣味中心”。场景的中心一般是某一组家具，场景中心一般置于画面中央并以它为起点下笔。如图 8 – 48 所示。

**2. 构　图**

场景描绘的构图要在动手下笔之前，心中有一个大体的轮廓。在描画进行中，将对象逐一安排在预想的框架中，可以根据画面的需要进行单个即兴调整。场景描画往往是将对象依主次关系先后画出，再根据构图的要求和情节的说明添加物体或安排细节，以达到构图丰满完整、节奏强烈有趣的目的。

图 8－48　休息台

**3. 配　景**

场景中的配景描写，不仅起到点缀画面的作用，还能起到说明的作用。场景中的道具包括各种陈设、人物、绿化、挂画等。配景可以调节画面结构上主与次、前与后、轻与重的节奏变化。如图 8－49～8－51 所示。

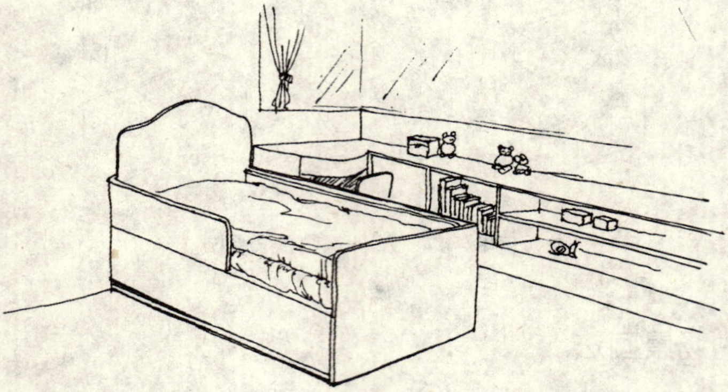

图 8－49　儿童房一角

图 8－50　室内场景

**图 8－51 浴室一角**

初学场景描绘，应该由易到难，先选择家具少、布置简单的场景进行训练，如家居室内的某个功能房间的局部组合，进而到公共建筑室内空间，再逐步走向室外，到生活的工地、车站、集市等较为复杂的场所学习。同时，培养成利用一切可以利用的条件，收集积累生活中的经历和感受的习惯，为下一步进行设计表现等艺术创作作好准备。如图 8－48～8－56 所示。

线条是钢笔画的灵魂所在。线条的表现力决定了整幅钢笔画的生命！练习绘画时，要对运笔方式、轻重缓急、构图等多加注意。在练习时思考了，对线条的认识就会加强，在画建筑和室内场景的时候就会感觉轻松，线条的生命力直接影响到画面的生命力。肯定而流利的线条，使画面富于活力。

**图 8－52 室外场景**

图 8－53　室内场景——客厅

图 8－54　室内场景——餐厅

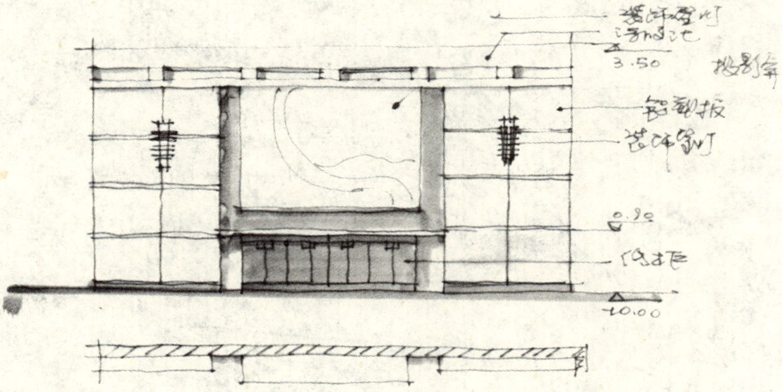


图 8-55 立面草图

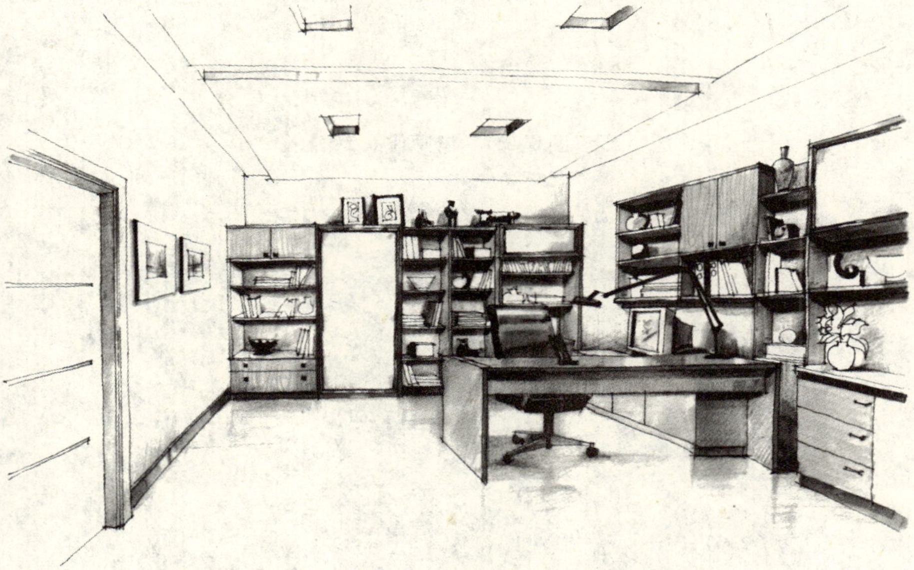

图 8-56 室内场景——书房

钢笔画由于其特有的特性，下笔后不易修改，所以需要绘图人员具备深厚且扎实的速写功底，要表现自如、准确、生动的捷径就是多画，做到笔不离手，经过长期训练和积累，下笔就可以达到娴熟、自如、流畅的效果。

下面是一些教师和学生的钢笔画风景写生作业，提供给读者作为平时练习的参考。如图 8-57 ~ 8-69 所示。

图 8－57　老师作品 1

图 8－58　老师作品 2

图 8－59 老师作品 3

图 8－60 老师作品 4

图 8－61　老师作品 5

图 8－62　老师作品 6

图 8－63　学生钢笔画作业 1

图 8－64　学生钢笔画作业 2

图8－65　学生钢笔画作业3

图8－66　学生钢笔画作业4

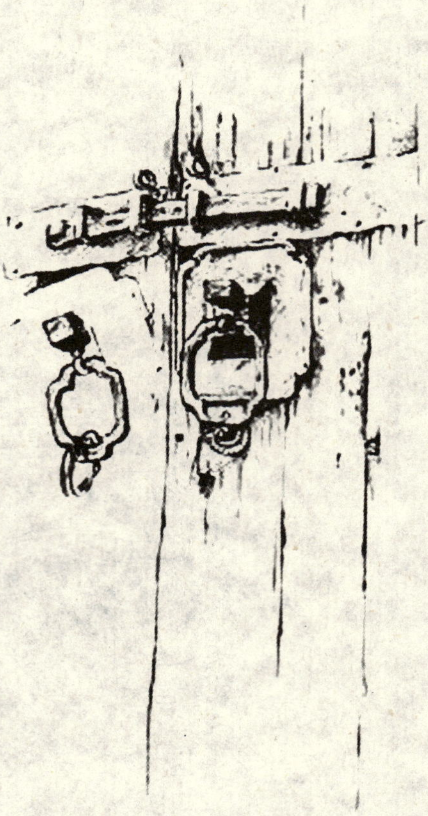

图8－67　学生钢笔画作业5

图 8－68　学生钢笔画作业 6

图 8－69　学生钢笔画作业 7

## 小　　结

1. 建筑装饰设计钢笔画的广泛用途：收集资料、设计草图、记录参观等都离不开运用徒手画；钢笔画可作为初步设计的表现图。

2. 建筑装饰设计钢笔画可作为一门独特艺术，也可作为各种淡彩表现图（彩色铅笔、马克笔、水彩等）的轮廓描绘，用于快速表现设计方案。初学者经常练习徒手画，有助于提高对建筑物及周围环境的观察、分析和表达的能力。

3. 建筑装饰设计钢笔画工具介绍。

4. 用钢笔画表现配景、家具、室内场景的练习方法。

## 思 考 题

8－1　建筑装饰设计钢笔画的特点是什么？

8－2　试用钢笔画技法进行各类配景练习。

8－3　试用钢笔画技法进行各种家具陈设练习。

8－4　试用钢笔画技法进行室内室外的场景练习。

**进一步阅读推荐书目**

吕金铎．钢笔画技法．北京：机械工业出版社，2005.

王玉孝，司惠国，王巨亭．怎样画钢笔画．北京：金盾出版社，2006.

# 参考文献


[1] 田学哲．建筑初步．2版．北京：中国建筑工业出版社，1999.

[2] 陈易．室内设计原理．1版．北京：中国建筑工业出版社，2006.

[3] 辛艺峰．建筑室内环境设计．1版．北京：机械工业出版社，2007.

[4] 汤洪泉．室内设计原理．1版．南京：南京大学出版社，2006.

[5] 来增祥．室内设计原理．2版．北京：中国建筑工业出版社，2004.

[6] 张月．室内人体工程学．2版．北京：中国建筑工业出版社，2005.

[7] 黎志涛．室内设计方法入门．1版．北京：中国建筑工业出版社，2004.

[8] 符宗荣．室内设计表现图技法．1版．北京：中国建筑工业出版社，1996.

[9] 霍维国，霍光．室内设计工程图画法．2版．北京：中国建筑工业出版社，2006.

[10] 李朝阳．室内空间设计．2版．北京：中国建筑工业出版社，2006.

[11] 文健，陈游．室内空间设计．1版．北京：清华大学出版社，北京交通大学出版社，2008.

[12] 万征．室内设计．1版．成都：四川美术出版社，2005.

[13] 郑成标．室内设计专业实践手册．1版．北京：中国计划出版社，2005.

[14] 高祥生．室内设计师手册．1版．北京：中国建筑工业出版社，2001.

[15] 尼跃红．高等艺术设计专业系列教材——室内设计基础．1版．北京：中国纺织出版社，2004.

[16] 武峰．CAD室内设计施工图常用图块8.1版．北京：中国建筑工业出版社，2008.

[17] 长谷川矩祥．室内设计快速表现技法．刘力，译．1版．沈阳：辽宁科学技术出版社，2002.

[18] 张绮曼．室内设计的风格样式与流派．2版．北京：中国建筑工业出版社，2006.

[19] 郭承波．中外室内设计简史．1版．北京：机械工业出版社，2007.

[20] 汝信．全彩西方建筑艺术史．1版．银川：宁夏人民出版社，2002.

[21] 陈志华．外国建筑史．3版．北京：中国建筑工业出版社，2004.

[22] 安娜·文图拉．实用家装设计．1版．大连：大连理工大学出版社，2003.

[23] 张品．环境设计：室内设计与景观艺术教程．1版．天津：天津大学出版社，2006.

[24] 中国建筑装饰协会．中国建筑装饰协会室内建筑师培训教材．1版．哈尔滨：哈尔滨工程大学出版社，2005.

[25] 室内设计年鉴编委．室内设计年鉴1. 1版．西宁：青海科学技术出版社．2006.

[26] 室内设计年鉴编委．室内设计年鉴2. 1版．西宁：青海科学技术出版社．2006.

[27] 张绮曼．室内设计资料集．1版．北京：中国建筑工业出版社，1991.

[28] 刘旭．图解室内设计思维．1版．北京：中国建筑工业出版社，2007.

[29] 刘旭．图解室内设计手法．1版．北京：中国建筑工业出版社，2007.

[30] 刘旭．图解室内设计分析．1版．北京：中国建筑工业出版社，2007.

[31] 郑曙阳．室内设计·思维与方法．1版．北京：中国建筑工业出版社，2003.

[32] 孙世青．建筑装饰制图与阴影透视．1版．北京：科学出版社，2003.

[33] 潘谷西．中国建筑史．5版．北京：中国建筑工业出版社，2004.

[34] 张卫．外国建筑图典．1版．长沙：湖南美术出版社，1999.

[35] 胡志毅．世界艺术史建筑卷．1版．北京：东方出版社，2003.

[36] 吴庆洲．世界建筑史图录．1版．南昌：江西科学技术出版社，1999.